U0014397

100道營養菜單，補鐵 強鋅 低敏 增D
從第一口就為寶寶的健康打底！

新手父母

營養師&兒科醫師
副食品配方 增訂版

資深兒科醫師 **湯國廷**
資深小兒營養師 **廖嘉音** ◎合著

〔推薦序〕沈仲敏、李婉萍、李明芬、林頌凱　14
〔自　序〕湯國庭、廖嘉音　18

第1章　副食品的製作及運用

媽媽製作副食品需要的工具　22

寶寶開始吃副食品的好用工具　23

依寶寶的成長製作不同型態的食物　24

粗估各類食材份量的基本原則　26

副食品的保存與加熱方法　28

・冰磚的製作與保存　28

・冰磚的搭配與運用建議　29

副食品補足寶寶成長所需的營養　30

・提供熱量、維生素和微量元素　30

・幫助嬰兒適應不同的固體食物，為成人飲食作準備　31

・訓練嬰兒的咀嚼能力，以免日後偏食　31

・各類食物含鐵量表　32

4～6個月大應開始替寶寶補充副食品　33

・4至6個月大是適合添加副食品的時機　33

・寶寶可以吃副食品的6種表現　34

寶寶的味覺初體驗，第一口副食品　　㊱

　・副食品餵食的時間、順序　　36

　・副食品給予的 8 個原則　　37

　・餵食副食品後的便便變化　　39

　・鼓勵寶寶接受新食物的方法　　40

幫寶寶建立不偏食的良好習慣　　㊷

製作副食品時的注意事項　　㊹

　・副食品製作食材的挑選、保存及清洗注意事項　　44

　・副食品的挑選與食物過敏　　45

三階段副食品基本處理及製作 DIY　　㊼

　・第 ❶ 階段副食品（4 ～ 6 個月）　　47

　　〔食物供應型態、注意事項、米麥製品比一比〕

　・第 ❷ 階段副食品（7 ～ 9 個月）　　50

　　〔食物供應型態、注意事項〕

　・第 ❸ 階段副食品（10 ～ 12 個月）　　52

　　〔食物供應型態、注意事項〕

第**2**章 寶寶的三階段副食品&斷奶食品

第一階段 4～6個月寶寶怎麼吃？　　　　　　**54**

・4～6個月寶寶發展特色　　　　　　54

・4～6個月寶寶飲食建議　　　　　　54

・四季可運用食材舉例　　　　　　55

・4～6個月寶寶建議食譜　　　　　　56

・4～6個月寶寶每日副食品建議量　　　　56

・一日飲食建議　　　　　　57

1日飲食建議

🍐 米湯　　　58

🍐 蔬菜米糊　58

🍐 紅蘿蔔汁　59

🍐 高麗菜汁　59

🍐 莧菜汁　　60

🍐 水蜜桃汁　60

🍐 地瓜葉汁　61

🍐 蓮藕汁　　61

🍐 大黃瓜汁　62

🍐 瓠瓜汁　　62

🍐 木瓜泥　　63

🍐 火龍米湖　63

第二階段 7～9個月寶寶怎麼吃？　　　　　**64**

・7～9個月寶寶發展特色　　　　　64

・7～9個月寶寶飲食建議　　　　　64

・四季可運用食材舉例　　　　　65

・7～9個月寶寶建議食譜　　　　　66

・7～9個月寶寶每日副食品建議量　　　　　66

・一日食譜建議　　　　　67

・7個月大後父母親可以開始熬製高湯囉！　　　　　67

　〔蔬菜高湯製作方式〕

・第二階段副食品鈣、鐵含量表　　　　　83

第1日參考食譜

　翠玉黃瓜泥　　　68

　開心香蕉米糊　　　69

　黃金薯泥　　　70

第2日參考食譜

　豌豆翡翠粥　　　71

　蜜瓜鳳梨汁　　　72

　花椰菜吐司濃湯　73

第3日參考食譜

　哈密瓜米糊　　　74

　番茄牛肉烏龍麵　75

　牛奶蒸蛋　　　76

第 4 日參考食譜

🍼 南瓜奶泥　　77

🍼 豬肝米糊　　78

🍼 鮭魚雜燴粥　　79

第 5 日參考食譜

🍼 葡萄奶糊　　80

🍼 山藥雞蓉粥　　81

🍼 自製豆漿　　82

〔豆漿、米漿比一比〕

第三階段 10 ～ 12 個月的寶寶怎麼吃？　　84

・10 ～ 12 個月寶寶發展特色　　84

・10 ～ 12 個月寶寶飲食建議　　84

・四季可運用食材舉例　　85

・10 ～ 12 個月寶寶建議食譜　　86

・10 ～ 12 個月寶寶每日飲食建議量　　86

・一日食譜建議　　87

・第三階段副食品鈣、鐵含量表　　103

第 1 日參考食譜
- 果粒藕粉羹　　　88
- 豆腐蒸肉餅　　　89
- 親子丼　　　　　90

第 2 日參考食譜
- 麻瓜ㄋㄟㄋㄟ　　91
- 高麗菇菇飯　　　92
- 義大利麵湯　　　93

第 3 日參考食譜
- 蔬菜豆簽湯　　　94
- 水果麥片粥　　　95
- 雞肉凍　　　　　96

第 4 日參考食譜
- 白玉絲瓜麵線　97
- 牛奶花椰菜　　98
- 飯飯蛋餅　　　99

第五日參考食譜
- 豬肝蔬菜濃湯　100
- 鮭魚餛飩湯　　101
- 三色豆包　　　102

第四階段 1～2歲學步兒怎麼吃？　　104

・四季可運用食材舉例　　104

・幼兒一日飲食建議表　　105

・1～2歲幼兒飲食建議　　105

・可練習 抓握 的固體食物

　糖片麵包棒—適用1歲以上　106

　地瓜香蕉捲—適用1歲以上　107

　原味牛奶棒—適用2歲以上　108

　山藥三明治—適用2歲以上　109

・可練習 咀嚼 的固體食物

　地瓜薏仁粥—適用1歲以上　　110

　鮮菇燉飯—適用1歲以上　　111

　蜜瓜優格沙拉—適用1歲以上 112

　果律蝦球—適用2歲以上　　113

・可練習 使用餐具 的固體食物

　雙色起司球—適用1歲以上　　114

　紅蘿蔔丸子—適用1歲以上　　115

　鮮湯貓耳朵—適用2歲以上　　116

　咖哩通心麵—適用2歲以上　　117

第 3 章 對症的寶寶營養副食品

厭奶 照顧注意事項、飲食對策	120
發燒胃口不佳 照顧注意事項、飲食對策	121
腸胃炎 照顧注意事項、飲食對策	122
便秘 照顧注意事項、飲食對策	123
偏食 不吃肉或不吃菜照顧注意事項、飲食對策	124
長牙 照顧注意事項、飲食對策	125

・ 厭奶 寶寶副食品

水果奶昔—適用 7 個月以上	125
杏仁奶凍—適用 10 個月以上	129
原味鮮奶酪—適用 1 歲以上	130
番茄起司蛋堡—適用 1 歲以上	131

・ 發燒 寶寶副食品

玉米雞蓉小米粥—適用 7 個月以上	132
薑絲魚肚麵線—適用 10 個月以上	133
菇菇好粥到—適用 11 個月以上	134
燕麥海鮮粥—適用 2 歲以上	135

・ 腸胃炎 寶寶副食品

麵包米糊—適用 7 個月以上	136
山藥蘋果粥—適用 7 個月以上	137

🍐 番茄銀耳粥─適用 10 個月以上　　138

🍐 絲瓜冬粉湯─適用 10 個月以上　　139

• 便秘 寶寶副食品

🍐 香蕉薯泥─適用 7 個月以上　　140

🍐 綜合蔬菜燉湯─適用 10 個月以上　　141

🍐 水果優格蝴蝶麵─適用 1 歲以上　　142

🍐 紅豆紫米粥─適用 2 歲以上　　143

• 偏食 寶寶副食品

🍐 羅宋湯─適用 10 個月以上　　144

🍐 鮮菇蛋捲─適用 11 個月以上　　145

🍐 蔬菜焗飯─適用 1 歲以上　　146

🍐 咖哩飯餃─適用 2 歲以上　　147

• 長牙 寶寶副食品

🍐 地瓜牛奶燕麥─適用 7 個月以上　　148

🍐 奶油吐司邊─適用 11 個月以上　　149

🍐 雞肉牛奶燉飯─適用 11 個月以上　　150

🍐 豆香拉麵─適用 1 歲以上　　151

• 外出 寶寶副食品

🍐 蔬菜三明治─適用 1 歲以上　　152

🍐 烤玉米飯糰─適用 1 歲以上　　153

🍐 海苔起司捲─適用 2 歲以上　　154

🍐 水果塔─適用 2 歲以上　　155

· **天然** 小點心

🍐 橙汁蛋餅—適用 1 歲以上　　　　156

🍐 福圓粥—適用 1 歲以上　　　　　157

🍐 水果豆花—適用 1 歲以上　　　　158

🍐 馬鈴薯燒賣—適用 1 歲以上　　　159

第 **4** 章　奶蛋素寶寶的三階段副食品&斷奶食品

· 奶蛋素食寶寶怎麼吃？　　　　　　　　162

· 奶蛋素食寶寶飲食注意事項　　　　　　162

第一階段 4 ～ 6 個月奶蛋素寶寶飲食建議　　164

· 4 ～ 6 個月寶寶發展特色　　　　　　　164

· 4 ～ 6 個月奶蛋素寶寶飲食建議　　　　164

· 4 ～ 6 個月寶寶建議食譜　　　　　　　165

· 4 ～ 6 個月寶寶每日副食品建議量　　　166

· 一日飲食建議　　　　　　　　　　　　166

第二階段 7 ～ 9 個月奶蛋素寶寶飲食建議　　168

· 7 ～ 9 個月寶寶發展特色　　　　　　　168

· 7 ～ 9 個月奶蛋素寶寶飲食建議　　　　168

· 7 ～ 9 個月寶寶建議食譜　　　　　　　169

· 7 ～ 9 個月寶寶每日副食品建議量　　　170

· 一日飲食建議　　　　　　　　　　　　170

7 ～ 9 個月蛋奶素寶寶參考食譜

　🍐 洋芋豌豆奶泥　　172

　🍐 豆腐白菜泥　　　173

第三階段 10 ～ 12 個月奶蛋素寶寶飲食建議　　174

・10 ～ 12 個月寶寶發展特色　　　　　　174

・10 ～ 12 個月奶蛋素寶寶飲食建議　　　174

・10 ～ 12 個月寶寶建議食譜　　　　　　175

・10 ～ 12 個月寶寶每日副食品建議量　　175

・一日飲食建議　　　　　　　　　　　　175

10 ～ 12 個月蛋奶素寶寶參考食譜

　🍐 西班牙式蛋餅　　177

　🍐 花椰菜烏龍麵　　178

第四階段 10 ～ 12 個月奶蛋素學步兒飲食建議　　179

・奶蛋素幼兒一日飲食建議表　　　　　　179

・1 ～ 2 歲奶蛋素幼兒飲食建議　　　　　180

・一日飲食建議　　　　　　　　　　　　180

1 ～ 2 歲蛋奶素寶寶參考食譜

・可練習 抓握 的固體食物 🍐 蛋豆腐　　　　182

・可練習 咀嚼 的固體食物 🍐 酪乳水果麵包　183

・可練習 使用餐具 的固體食物 🍐 蕃茄菇菇燉飯　184

兒科醫師
營養師
Tips

・寶寶為什麼需要吃含鐵質食物？ 32

・母奶寶寶添加副食品時應注意哪些事項？ 35

・怎麼知道寶寶是否吃飽了？ 40

・副食品吃得好以後就不後有偏食困擾？ 43

・怎麼避免寶寶食物過敏？ 46

・煮米湯時可以用糙米或五穀米取代白米嗎？ 48

・寶寶可以喝雞精（滴雞精），或用雞精當湯底嗎？ 49

・寶寶從多大開始可以練習使用餐具？ 51

・添加副食品時應掌握哪些原則？ 55

・過敏體質的寶寶需延後吃副食品嗎？ 56

・每天吃不到建議的份量及均衡食材怎麼辦？ 57

・需要為寶寶熬製大骨高湯補鈣嗎？ 86

・寶寶吃副食品後，還要喝奶嗎？ 87

・可以自製植物奶給素食寶寶喝嗎？ 163

・全素或奶蛋素寶寶易缺乏哪些營養？ 166

・該怎麼為奶蛋素寶寶補鐵及蛋白質？ 169

・成長中的寶寶適合吃全素或奶蛋素嗎？ 171

・缺乏維生素 B_{12} 對寶寶會有什麼影響？ 171

・寶寶吃素是否會長不高、較瘦小？ 176

・寶寶吃豆類或香菇食物是否可以？ 181

・寶寶一歲後可以食用蒟蒻米嗎？ 181

・寶寶是否可以吃素料？怎麼吃才安全？ 181

值得推薦的專業、實用營養副食品書

文／**沈仲敏** 國泰醫院新生兒科主任

　　很高興聽聞老同學湯國廷醫師再度發行新書，並且很榮幸再次獲邀寫序。繼上回《照著養，爸媽不緊張，寶寶超健康》出版造成新手爸媽的熱烈迴響後，此次的主題以副食品為主，也是非常重要及實用的話題。對於新手爸媽而言，副食品的準備一直是令人困擾的，我看診時常常遇到父母提出各種相關的問題，但是礙於門診時間有限，常常無法詳細地為父母作解釋，只能提出一些大原則，但是相信幫忙仍然有限。

　　由於我自己也有兩個小朋友，當初在準備副食品時，雖然知道大原則，但是對於每天該準備什麼料理給孩子也頗傷腦筋，往往想破頭也只是花椰菜、地瓜、青豆等常吃的東西，接著就會到書局參考製作副食品的相關食譜，但是由於並非由兒科醫師撰寫，仍然會有一些小地方有觀念上的錯誤，所以看診時仍無法提出推薦家長參考的副食品書目。

　　這次知道國廷針對副食品再度出書，並且和營養師合作，真的很開心，書中對嬰幼兒的營養攝取、副食品製作的原則、不同階段的飲食及特殊狀況的進食都有詳細的解說，搭配上營養師提出圖文並茂的食譜，相信對父母會有實質上的幫助，以後看診時遇到對副食品準備感到困擾的新手父母，我也會很樂意推薦這本實用書給他們。

提供簡易執行方法，
讓製作副食品更輕鬆

文／**李婉萍**　榮新診所營養師

　　嘉音學姊要出書了，想當年進入馬偕醫院當菜鳥營養師時，就是嘉音學姊一手提拔與教導，學姊做事聰明又仔細，一直是我學習、效法的對象。這本書是她出版的第二本嬰幼兒書籍，經過多年的臨床經驗再加上第二次當媽（書中吃副食品的可愛女孩就是她的小女兒），更使她功力大增，因此這次她結合了理論與實務經驗，更能與讀者媽媽做更貼切的互動。

　　書中以簡易的照片或圖示法呈現，看圖就懂，諸如很多媽媽因為家中沒有秤量食物的磅秤，會困惑食物重量該如何計算，在書中也貼心地將 10 公克的食物以湯匙實體拍攝，讓媽媽們更了解要給孩子吃多少。

　　此外，還貼心地附上各期副食品的食物型態變化，讓媽媽一覽無遺，可順應孩子的成長給予適當的食物，避免造成孩子長牙後仍給僅給予軟爛的泥狀食物的情況，以至於錯過孩子咀嚼能力的訓練最佳時機，甚至可能影響臉部肌肉與語言能力的發展。

　　書中更提供四季食材讓媽媽能更妥善地運用當季食材，以獲得最佳的營養價值；另外，尚提供含每種食材的鈣鋅含鐵的營養標示，讓孩子吃得健康媽媽安心。這是一本值得新手媽媽入手的工具書，希望每個父母都能有正確的健康餵養觀念，透過書中提供的簡易執行方法，讓父母都能輕鬆準備副食品。

嬰幼兒營養專書，
提供家長最正確、實用的資訊

文／李明芬　高雄長庚醫院營養治療科組長

　　近年來少子化是全球的趨勢，台灣也已進入少子化社會，隨著生育率降低，孩子是每個家庭的寶貝，也因為現今雙薪家庭的普及，父母忙碌之餘對於養育嬰幼兒往往有許多疑問卻無從獲得正確的資訊，坊間雖然相關育兒營養的書籍琳瑯滿目，卻少見有兒科臨床營養師所撰寫的專業書，家長們甚至可能以部落格的資訊來養育小孩，著實令人擔心。

　　本書作者之一廖嘉音營養師畢業於台北醫學大學保健營養系，曾擔任台北馬偕醫院小兒科營養師以及臨床組組長，相關學經歷非常豐富，後來我與嘉音有幸進入同一職場工作，她除了持續進修，在工作上兢兢業業也令人敬佩，還育有一對活潑可愛的小朋友，相信由具有豐富臨床資歷以及育兒實戰經驗的嘉音撰寫的這本《營養師＆兒科醫師副食品配方增訂版》，能提供家長從 BABY 一出生到 2 歲的營養建議以及判斷是否健康成長的正確方法。

　　本書最難得的是剖析從 0 到 2 歲不同階段的營養需求及副食品的製作撇步，甚至於寶寶偏食的處理、參考食譜都有詳盡的介紹，新手父母可藉由本書輕鬆製作副食品，更能確保寶寶營養達標，此次承蒙城邦新手父母出版社協助本書付梓，未來也期望能有更多營養專業書籍提供大眾正確實用的資訊。

文／**林頌凱** 壢新醫院運動醫學中心副主任&復健科資深專科醫師

　　湯國廷醫師是一位好醫師。只要您曾經和他談過一次話，
聽過他一次演講，或者僅僅只是站在旁邊看他和孩子們的互動，
您會驚訝怎麼會有醫師這麼溫柔、這麼有愛心，這麼把別人的
孩子當成是自己的孩子在照顧。擁有三個寶貝孩子的湯醫師，
把一個好爸爸對於自己兒女那種綿密的愛，化為一位好醫師對
於自己患者能給的愛，細心呵護、無微不至。只能說，能當湯
醫師的患者真的好幸福！

　　寶寶在出生的第一年是生長最快速的時期，這時候的營養
可以是日後健康身體的基礎。當母奶或配方奶粉已經漸漸不能
滿足生理需要時，替寶寶調配又健康、又美味的副食品，既可
以補充額外的營養元素，讓寶寶順利成長，也可以改善體質，
避免偏食、過敏、便秘、腸胃炎、發育不良、免疫力不足等易
病體質。副食品同時也是銜接奶類與固體食物的關鍵食物，讓
寶寶及早熟悉各種食材，還可以訓練咀嚼與吞嚥的能力，並且
可以增進舌頭協調性，避免之後學習說話時有構音不全的困擾。

　　家中如有小小孩，這本書就是您的育兒寶典。這麼專業又
實用的好書，誠摯與您分享。

了解每個階段寶寶的需求，才能給得恰到好處

文／湯國廷

　　轉眼間，距離上次出版已有三年的時間。鑒於越來越多的父母想養一個素食寶寶，可是市面上關於素食寶寶的副食品參考書籍屈指可數，所以利用增訂改版的機會，增加了素食寶寶的營養和副食品，讓素食寶寶也能像葷食寶寶吃得健康又營養。

　　增訂版的內容當中，除了提醒家長要特別注意素食寶寶容易缺乏的營養素之外，另外對於維生素 D 的補充，也有新的建議。因為目前了解維生素 D 除了與骨骼和鈣質之新陳代謝有關係之外，有不少的證據顯示維生素 D 可能與過敏性疾病、心血管疾病、上呼吸道感染、糖尿病和癌症預防有關連性。

　　日本大阪母子醫院正門口放著一塊碑文，其大意為「我們有很多需求。我們可以等。然而，兒童不能等。他們的骨骼正在形成，他們的血肉正在成長，他們的智能正在發育。明日的他們全決定在今日我們為他們所做的一切。」我想碑文的意義也正好說明了小兒科醫師和父母的使命。

　　我常期許自己善盡兒科醫師的社會責任，將最新且正確的育兒訊息傳遞給有緣的父母，而寫文章是最直接、快速且主動的方法。寫副食品書的念頭起因於這幾年醫學界對於副食品給予的原則有些修正，但大部分的父母還不清楚，甚至部分的父母更相信網路聊天室內的文章，可惜聊天室大部分

的文章不會註明出處或年代，所以十幾年前的文章仍然一再轉載。

這本書是我和營養師嘉音合力完成的著作，我們相識於十多年前，當時她負責馬偕小兒科營養門診的衛教工作，也出過好幾本嬰幼兒食譜，是小兒腸胃科醫師的得力助手，對於嬰幼兒的營養很有心得，也深刻了解很多小兒胃腸科醫師們的處理方針及原則，離開馬偕後，也常給我許多實際的臨床建議。所以這本書的內容，除了給新手父母「魚」吃之外，還要教大家怎麼「釣魚」。

嬰兒副食品，不是有給就好，重要的是要了解每個階段寶寶需要什麼，容易缺什麼，我們才能給得恰到好處。臨床上曾遇到因為太晚給予副食品或給錯副食品而造成寶寶貧血的病例，也常遇到嬰兒時期副食品給予的方式錯誤而造成日後偏食的寶寶。所以什麼時候給？該給什麼？這是我們這本書強調的重點。

關於副食品原則的部分，我們參考了最新美國小兒科醫學會 2013 年出版的「兒科營養學」教科書和美國小兒科醫學會網站、台灣兒科醫學會網站的內容，期望帶給讀者最新且具公信力的資訊。當然我們也提供了每個階段的幾道食譜供父母參考，了解基本原則之後，新手父母可以加以發揮，變化成一道道令寶寶食指大動的大餐。

本書的完成，要感謝提供當地醫療狀況，遠在加拿大從事醫療工作的俞君，和多次幫我從國外帶書回來的慧雯。再次謝謝我的優秀學妹，也是這本書的另一個作者——廖嘉音營養師的合作，也謝謝主編雯琪的點子和督促。

必須再次強調，醫學的進步日新月異，今日的金科玉律，可能幾年後就會被推翻，新手父母若有疑問，雖然網路聊天室是很快獲得解答的途徑，但仍希望新手父母能再詢問專業醫師或營養師的意見以獲得最正確的訊息，畢竟嬰幼兒的營養影響一生，我們都希望寶寶獲得最好的照顧。

營養師媽媽的私房食譜，滿足各種寶寶的需求

文／廖嘉音

　　本書在大家的支持下重新增訂印刷出版了，並增加「素食寶寶怎麼吃？」的內容，希望提供全方位的營養建議給家長，無論是葷食或者是素食，只要掌握住均衡飲食的原則，寶寶都能健康的長大，只是素食寶寶相對可以攝食的食物種類較少，爸媽們可得要細心注意與準備食材！

　　回想寫第一本副食品書時我還是還未婚的營養師，寫的是根據臨床上的經驗與教科書上的建議，等到自己生了小孩後，才知道理論與實務有一段不小的差距。以前門診時媽媽都會反應：「我們家的小孩就是不吃蔬菜，你提的建議，我們做不到。」等到自己當了媽媽後，我才知道，孩子沒辦法照書養，每個孩子都有自己的氣質，應該試著了解他們，順著他們的發展與個性用適合的方式來供給均衡的營養。

　　書中我針對不同月齡的嬰幼兒提供適當的食譜建議，並且搭配季節性的蔬菜；對於喜歡變化的孩子，也可以利用幾種不同的食材搭配出多樣化的食譜；至於固定性較強的孩子也可以利用相同的食材變化出不同口味的副食品。此外，也提供一些常見問題與解決方法，期待能滿足媽媽們的需求。

　　最後這本書的籌備是在我生妹妹過程中開始的，這中間也遇到妹妹吃副食品的階段，兩個小孩剛好有兩種不同的個性與氣質，希望藉由營養師媽媽二次親自餵食的實務經驗帶給家長幫助，為副食品的餵食過程營造一段美好的記憶。

第 **1** 章

寶寶的三階段副食品
& 斷奶食品

媽媽製作副食品需要的工具

俗話說，工欲善其事必先利其器，要幫寶寶準備美味又健康的副食品，爸媽可要先準備好各項小幫手唷！

傳統製作副食品的主要器具

電鍋、量杯、磅秤、量匙、壓汁器、磨泥器、研缽與研磨棒、濾網。不一定要去買成套的調理器皿，只要方便、衛生，家中現成的同質性工具都可派上用場。

新型便利製作工具

隨著科技的進步，目前市面上也有許多方便媽媽們製作副食品的工具：料理攪拌棒、食物調理機、多功能研磨機、不鏽鋼搗碎器、不鏽鋼燜燒食物罐、食物剪刀等，父母可以依需求選購。

各式保存工具

因為寶寶食量小，為了方便媽媽製作後儲存，因此需要準備各式各樣的儲存盒，像是：加蓋製冰盒、小型保鮮盒、儲存盒、母乳袋、副食品分裝盒、傳統冰棒袋、密封袋與分隔盒等。

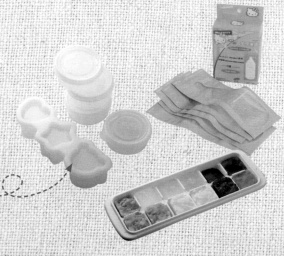

寶寶開始吃副食品的好用工具

命好不如習慣好，好命不如好習慣，良好的飲食習慣必須從嬰兒期就開始建立。在寶寶開始準備吃副食品的時候，父母可以幫寶寶準備：

高腳椅

讓寶寶坐下去時，與大人同高，進餐時與大人同桌，一方面餵食，一方面可以觀察大人的飲食習慣。爸媽記得在寶寶用餐前於高腳椅下面四周，鋪一層大範圍的防髒地墊，方便餵食後地板的清理。

圍兜

可以選取防水、容易清潔、方便攜帶的圍兜，有些圍兜下方有口袋可以承接漏接的食物，也很方便。

安全材質的湯匙、碟子和碗

寶寶剛開始喜歡咬湯匙，為了保護寶寶的稚嫩牙齦，餵食副食品時應該使用較軟的湯匙；至於採取安全材質的碟子、碗則是怕寶寶打翻破碎。10 個月人以後，寶寶逐漸具有自行進食的基本能力，家長可以讓孩子用雙耳碗、吸盤碗、短柄湯匙或彎角湯匙，比較能夠提高送入口中的成功率、建立他們的信心與興趣。

喝水練習杯

親餵母奶的寶寶可能不習慣用奶瓶喝奶或喝水，所以可以直接給予喝水練習杯來喝果汁或開水，而喝配方奶的寶寶也須使用練習杯來作為一歲之後的「戒奶瓶」做準備。

23

		初期 （4～6 個月）	中期 （7～9 個月）	後期 （10～12 個月）	過渡期 （13～15 個月）
全穀根莖類	米	以 10 倍水煮成的粥，並將米粒壓碎成糊狀。	以 5 倍水煮成的粥，就是比一般稀一點的粥。	以 3 倍的水煮成的粥，米粒保留原型，較接近大人吃的稀飯。	銜接白飯的過程中，可以燉飯供應，也就是煮飯時多加一點水。
	麵條	將麵條煮軟後直接壓成泥狀。	將麵條煮軟後切成碎泥狀。	將麵條煮軟後切成約 0.5 公分長。	將麵條煮軟後切成約 1 公分長。
蔬菜類	菠菜	撿去根莖較粗的部位，留下嫩葉及嫩莖，清洗三次後，直接放入滾水鍋中約煮 1～2 分鐘，撈起後搗（打）成泥狀。	撿去根莖較粗的部位，留下嫩葉及嫩莖，清洗三次後，直接放入滾水鍋中約煮 1～2 分鐘，撈起後切成碎泥狀。	撿去根莖較粗的部位，留下嫩葉及嫩莖，清洗三次後，直接放入滾水鍋中約煮 1～2 分鐘，撈起後切成約 0.5 公分長。	撿去根莖較粗的部位，留下嫩葉及嫩莖，清洗三次後，直接放入滾水鍋中約煮 1～2 分鐘撈起切成約 1 公分長。
	菜豆	將菜豆洗淨、燙軟後，搗（打）成泥狀。	將菜豆洗淨、燙軟後，切碎泥狀。	將菜豆洗淨、燙軟後，切成約 0.3 公分長。	將菜豆洗淨、燙軟後，切成約 0.5 公分長。

隨著寶寶的成長階段不同，因應發育的過程供應的副食品型態也不同，利用循序漸進的方式才能養出不挑食且發育良好的寶寶。

		初期 （4～6個月）	中期 （7～9個月）	後期 （10～12個月）	過渡期 （13～15個月）
水果	香蕉	將香蕉切小塊後壓成泥狀。	將香蕉切碎成小丁。	將香蕉切丁。	將香蕉切小塊或直接餵食。
豆魚肉蛋類	豬肉	將肉用湯匙刮成泥狀後加少許水蒸熟。	將肉煮熟後再用刀切成小碎泥狀。	將肉煮熟後再切成如黃豆大小的小丁。	將肉煮熟後再切成如玉米粒的小塊狀。
	豆腐	將豆腐汆燙切小塊後壓成泥狀。	將豆腐汆燙後切成碎泥。	將豆腐汆燙後切小丁。	可以直接餵食汆燙過的塊狀豆腐。
	蛋		將蛋煮熟後取出蛋黃壓碎後即可餵食。	將蛋煮熟後取出蛋黃，切成小丁後即可餵食。	可以直接餵食全熟蛋黃。

粗估各類食材份量的基本原則

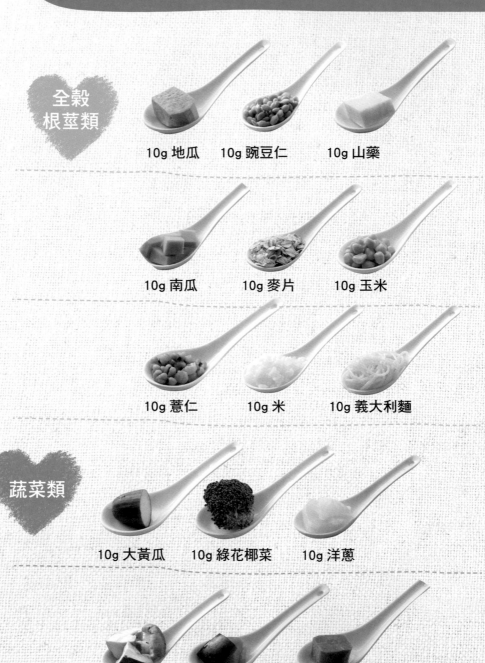

全穀根莖類

10g 地瓜　　10g 豌豆仁　　10g 山藥

10g 南瓜　　10g 麥片　　10g 玉米

10g 薏仁　　10g 米　　10g 義大利麵

蔬菜類

10g 大黃瓜　　10g 綠花椰菜　　10g 洋蔥

10g 香菇　　10g 甜椒　　10g 紅蘿蔔

家中若是沒有磅秤，爸媽也不用擔心，可以利用下表提供的份量估算來取大約值，其實副食品的製作，除了加工品與調味料需嚴格限制外，只要是天然的食材，而且寶寶嚐試過沒有過敏反應，份量多一些或少一些是沒關係的，只要記得儘量給寶寶均衡且多樣化的飲食就可以囉！

豆魚
肉蛋類

10g 無刺魚肉　　10g 牛肉　　10g 雞肉

10g 鮭魚　　10g 豬肝　　10g 蝦仁

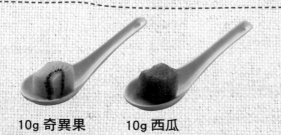

水果類

10g 鳳梨　　10g 哈密瓜　　10g 木瓜

10g 奇異果　　10g 西瓜

（註：湯勺面積 5.5×4cm，一般家用湯匙大小）

副食品的保存與加熱方法

在保存盒選擇方面要注意是否耐熱？可否消毒、微波？另外，是否方便收納或在冰箱中堆疊，此外，也要考量密封問題，不僅方便攜帶，也較不會影響食物的鮮度。

冰磚的製作與保存

如果是較為忙碌的爸媽，不妨一次製作多口味的食物泥，製作成冰磚儲存，寶寶每次食用時取一種口味的冰磚加熱即可，待寶寶食用過每種一口味的冰磚且無過敏反應後，就可以搭配成不同口味的副食品囉！

（保存方式） 可利用市售母乳袋或副食品分裝盒將烹調好的副食品做分裝，放冰箱冷凍，每次取一包（一盒）加熱餵食。

（種類的搭配） 也可使用家用保鮮盒、製冰盒或古早味冰棒袋、密封袋，將高湯、果汁、蔬菜汁或果泥、肉泥分格盛裝，再放入冰箱冷凍，一次取不同口味的冰磚搭配食物，例如，第一週為蘋果泥 + 粥，第二週則可為蘋果泥 + 粥 + 青菜泥。

（加熱方式） 冰磚取出後最好採隔水加熱或用電鍋蒸煮；避免使用微波加熱，以免營養素流失，假如真的要用微波爐加熱，因為加熱範圍比較不均勻，因此取出後要記得攪拌均勻再餵食，避免因受熱不均而燙到寶寶。

（製作的份量） 每次製作的量不要太多，一次最多不超過 3 ～ 5 天的儲存量，蔬菜、水果能現做最好；

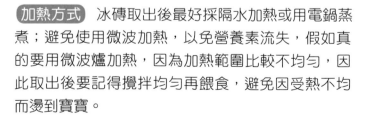

一次只蒸一餐的份量，若是已經餵食過寶寶但是食用不完，因為容易孳生細菌產生腐敗情形，因此不建議留待下一餐再食用。

冰磚的搭配與運用建議

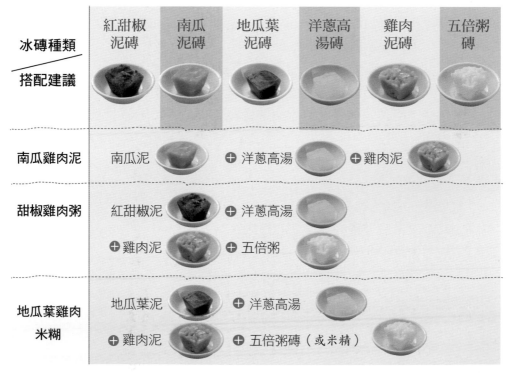

　　不要小看寶寶的副食品製作唷！幫寶寶製作副食品也可以色香味俱全，不同顏色的蔬果擁有不同的價值，例如，橘黃色的紅蘿蔔有胡蘿蔔素可以保護眼睛、綠色的菠菜有葉綠素可以增加抵抗力，爸媽可以一次購買不同種類（最好是不同顏色）的蔬菜與根莖類，分別製作成冰磚，每次烹調時就可以挑選不同的冰磚做組合，幫寶寶設計一分營養調色盤──聰明搭配五色蔬果吃出好健康！

冰磚搭配運用建議

冰磚種類 搭配建議	紅甜椒泥磚	南瓜泥磚	地瓜葉泥磚	洋蔥高湯磚	雞肉泥磚	五倍粥磚
南瓜雞肉泥		南瓜泥	＋洋蔥高湯		＋雞肉泥	
甜椒雞肉粥	紅甜椒泥		＋洋蔥高湯			
	＋雞肉泥		＋五倍粥			
地瓜葉雞肉米糊		地瓜葉泥	＋洋蔥高湯			
	＋雞肉泥		＋五倍粥磚（或米精）			

（註：須待寶寶食用過單一口味的冰磚且無過敏反應後，就可以搭配使用囉！）

副食品補足寶寶成長所需的營養

添加副食品是一種漸進式的過程，目的是為了在 1 歲之後，能順利的將固體食物取代母乳或配方奶成為主食。所以副食品的添加不管在營養、熱量的補充、固體食物的接受度，或咀嚼能力的訓練上都提供了莫大的幫助。

提供熱量、維生素和微量元素

提供較高的熱量

我們來試算一下，一個 4 個月大 7 公斤的寶寶，若是一天攝取 1000 c.c. 的奶量，不管是母奶或者是配方奶，都可以提供 667 大卡的熱量，但這樣也只達到營養素攝取參考量的 79% 至 86%。隨著年紀和體重的增加，若奶量仍維持 1000c.c.，而不添加能夠提供能量的副食品如澱粉，寶寶生長所需熱量將會有不足之虞。

有些父母可能會覺得，我的寶寶一天可以喝超過 1000c.c. 的奶，不必擔心熱量問題，但事實上，每天喝超過 1000c.c. 的奶會造成寶寶胃的負荷。再者，許多寶寶在 4 個月後會有厭奶的情形，奶量會減少，若再不補充適當的副食品，長期下來會有生長遲緩的現象。

補充維生素 D

母奶中的維生素 D 含量本來就少，純餵母乳有引起維生素 D 缺乏與佝僂症的報告，為了維持嬰兒血清中維他命 D 的濃度，台灣兒科醫學會建議純母乳哺育或部分母乳哺育的寶寶，從新生兒開始每天給予 400 IU 口服維生素 D 直到從副食品或日曬當中（每天 20 分鐘）獲得足夠的維

富含脂肪的魚如鮭魚、鯖魚等，通常是維生素 D 的最好來源

生素 D。使用配方奶的嬰兒，如果每日進食少於 1,000 毫升加強維生素 D 的配方奶，需要每天給予 400 IU 口服維生素 D。維生素 D 的其他來源，例如加強維生素 D 的食物，可計入 400 IU 的每日最低攝取量之中。

增加鐵質攝取

母奶或配方奶中都有含鐵，但接近 4 至 6 個月大寶寶開始吃副食品的年齡，寶寶對於鐵的需求量大增（6 個月大以前對於鐵的需求量只要 0.27mg ／天，但 6 個月到 1 歲間增為 11mg ／天），而此時母奶中能提供的鐵，濃度只有 0.35 mg ／L，一般配方奶也只有 4mg ／L，明顯不夠。由於鐵對於神經的發展來說是一個重要的營養素，所以給予富含鐵質的副食品就顯得重要。

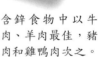

富含鐵的固體食物如豬絞肉、鐵質化的嬰兒米麥粉、豆莢類如青豆、扁豆、黑豆。

補足微量元素鋅

寶寶在出生後 6 個月之內對鋅的需求量為 2mg ／天，6 個月到 3 歲前增為 3mg ／天，母奶中鋅的濃度在滿月時可以達到 8 至 12mg ／L，但在 4 至 6 個月大後只剩下不到 1 至 3mg ／L。鋅對於寶寶是一種重要的營養素，它可以維持免疫功能、促進細胞的生長和修復，若缺乏可能影響生長、增加感染和腹瀉的風險。

含鋅食物中以牛肉、羊肉最佳，豬肉和雞鴨肉次之。

幫助嬰兒適應不同的固體食物，為成人飲食作準備

嬰兒天生就喜歡甜和鹹的食物而排斥苦味的食物，但若在早期，不斷地讓寶寶接受各種食物的氣味可以促進他們對食物的接受度。味覺在胎兒時期早已存在，所以寶寶會習慣媽媽所吃食物的味道；而這種味覺學習會一直持續到出生之後，從母奶中，嬰兒也會觀察母親的飲食習慣。研究指出，接近 1 歲時，多數的嬰兒才會表現出拒絕嘗試新食物的行為，所以若太晚讓寶寶接觸不同種類的食物，也會導致日後對新食物的接受度不高。

用湯匙餵食副食品可幫助孩子適應成人飲食。

「訓練嬰兒的咀嚼能力，以免日後偏食」

　　用湯匙餵食副食品可以訓練寶寶兩頰的咀嚼肌，對日後語言發展也有幫助。研究指出，如果超過 10 個月還沒有給予副食品，寶寶日後可能會有餵食困難的問題，如不喜歡吃肉。

兒科醫師
Tips

Q 寶寶為什麼需要吃含鐵質食物？

　　對於 4 個月大以後仍純喝母乳的寶寶來說，可以在醫師的建議下補充鐵劑，直到開始食用富含鐵的固體食物；至於配方奶寶寶，則可以在 6 個月大後可以使用高鐵嬰兒配方〔10 至 12mg／L〕同時配合食用富含鐵的固體食物，才不會有缺鐵的疑慮。（註：市售的嬰兒配方裡的鐵含量，亞培新美力配方的鐵含量約為 12mg／L，優生 A+ 和惠氏 S-26 金愛兒樂約為 8mg／L，雀巢能恩 HA1 約為 6.9 mg／L。）

各類食物含鐵量

品名	份量	重量（克）	含鐵量（mg）	品名	份量	重量（克）	含鐵量（mg）
皇帝豆	1 湯匙	16	2.3	鴨肉（熟）	2 湯匙	30	1.3
紅豆（熟）	1 湯匙	17	0.7	牛腿肉	2 湯匙	45	1.4
花豆（熟）	1 湯匙	13	1.2	豬腿瘦肉	2 湯匙	35	0.5
南瓜	1 碗	218	0.9	梅花肉	2 湯匙	45	0.4
甜柿	1 碗	200	2.4	豬肝	2 湯匙	45	4.9
哈密瓜	1 碗	320	1.0	雞肝	2 湯匙	40	1.4
黑豆粉	1 湯匙	10	0.8	雞蛋	1 顆	55	1.0
豆漿	1 杯	240	1.0	雞蛋黃	1 顆	15	0.8
紅莧菜（熟）	1 碗	200	24	鴨蛋黃	1 顆	25	1.6
茼蒿（熟）	1 碗	200	6.6	鵪鶉蛋（熟）	1 顆	9	0.3
紅鳳菜（熟）	1 碗	200	8.2	黑芝麻粉	1 湯匙	5	1.3
菠菜（熟）	1 碗	200	4.2	腰果仁	1 湯匙	11	3.9
莧菜（熟）	1 碗	200	9.8	杏仁果仁	1 湯匙	19	5.9

資料來源：台灣地區食品營養成分資料庫
https://consumer.fda.gov.tw/FoodAnalysis/ingredients.htm

4～6個月大
應開始替寶寶補充副食品

寶寶什麼時候該吃副食品，在不同的年代有不同的建議，且各國的建議不一，但目前醫學證據顯示：4個月大前給予副食品，會增加日後肥胖和過敏的機會；但過分延後高過敏食物（如花生）的給予，對於過敏的預防也無助益，反而會增加過敏的機會。

延後給予高過敏食物，對過敏的預防無助益。

4至6個月大是適合添加副食品的時機

因為每個年代對於何時該添加副食品的建議都有所不同，很多網路上的資料已經過時，參考時請以兒科醫學會最新的建議為主，當然，每個地方的國情也不一樣，所以對副食品的添加會有稍許不同。

4至6個月大時開始添加副食品含鐵及鋅的副食品。

副食品的給予不應該早於 17 週大前，最晚不應超過 26 週大後，而且一次只給予一種新的食物，不管是不是高過敏性食物，都不需要延後給予。

世界衛生組織和美國小兒科醫學會的建議

6 個月大以前盡可能純餵母奶，之後給予適當的副食品，但美國小兒科醫學會同意，4 至 6 個月大開始可以考慮添加副食品。

國內兒科醫學會的建議則是（2013 年 8 月 19 日修訂）

母乳是正常新生兒最佳營養來源，足月產的正常新生兒於出生後應盡速哺育母乳，並持續純哺育母乳至 4 至 6 個月大；並於 4 至 6 個月大開始添加副食品，建議持續哺育母乳至 1 歲，但不建議純母乳哺育超過 6 個月。超過 6 個月之後，繼續純母乳哺育者，若如無適量副食品補充，會有營養不良的危機，1 歲之後可依母親與嬰兒的意願及需要持續哺育母乳，沒有年齡限制。

所謂適量或適當副食品，指的是先給含鐵、鋅的食物，如紅絞肉或鐵質化的嬰兒穀類食物。

寶寶可以吃副食品的 6 種表現

至於 4 個月到 6 個月大寶寶若出現以下反應時，代表其可以開始接受副食品，父母可以觀察寶寶是否具備：

1. 不再搖頭晃腦，頸部可以穩定支撐頭，讓頭直立。
2. 舌頭已經沒有吐出反射（也就是把東西放入寶寶的口中，舌頭不再將東西頂出）。
3. 有支撐寶寶就可以坐直（這樣吞嚥時才不會噎住）。
4. 口腔有咀嚼的動作。

❺ 體重為出生時體重的兩倍。

❻ 食慾明顯增加。例如，即使一天吃了 8 至 10 次的奶，或者是總奶量超過 1000c.c.，還是飢腸轆轆，對大人的食物感興趣，想去用手抓。

當寶寶出現想吃副食品的表現時，就是開始餵時的好時機。

兒科醫師 Tips

Q 母奶寶寶添加副食品時應注意那些事項？

　　根據台灣兒科醫學會嬰兒哺育委員會最新的嬰兒哺育建議，為了維持嬰兒血清中維生素 D 的濃度，純母乳哺育或部分母乳哺育的寶寶，從新生兒開始每天給予 400 IU 口服維生素 D，至於補充到什麼時候，學會雖然沒有明確建議，但筆者建議至少補充到 1 歲，在 6 個月到 1 歲之間可以多攝取一些富含維生素 D 的副食品輔以日曬。含維生素 D 較多的食物主要是濕黑木耳、日曬乾香菇、深海魚，如鮭魚、沙丁魚、鯖魚；至於豬肝、乳酪、蛋黃則含有少量的維生素D。

　　含有鐵和鋅的副食品可在 4 到 6 個月時開始添加，4 個月後尚未使用副食品之前，應開始每天補充口服鐵劑 1 毫克／公斤／天。

　　至於混合哺育的寶寶，若是以母奶哺育為主，依據美國小兒科醫學會 2010 年的建議，4 個月開始尚未接受含鐵副食品之前，也應該開始每天補充口服鐵劑 1 毫克／公斤／天。

寶寶的味覺初體驗，第一口副食品

對於大多數的寶寶而言，應該先給予熟煮至軟爛的食物泥，通常是先給予單一穀類的嬰兒米粉，至於食物給予的順序並沒有一定，但應該以含鐵的食物為優先，例如，鐵質化的嬰兒穀類食品和紅肉泥或紅莧菜泥。

第 1 次餵食時，先餵母奶或配方奶，然後再給予寶寶 1 至 2 湯匙食物泥。如果給的是嬰兒米粉，可以先以母奶或配方奶調配成半液體狀，再利用塑膠湯匙尖端少量餵食。給寶寶一點時間聞聞或嚐嚐食物的味道，不要把嬰兒米粉加到奶瓶裡餵食，以免剝奪寶寶咀嚼的機會。

副食品餵食的時間、順序

剛開始給予副食品，1 天 1 次就好，可以選擇一天當中的任一個時段，但不建議挑寶寶疲倦或焦躁不安時。寶寶一開始可能吃得不多，請給他一些時間適應新的食物，同時練習吞嚥，一旦適應了，可以觀察到寶寶越吃越快，越吃越多，這時父母可以增加食物的濃度，3 到 7 天後，再更換另一種新的食物。

至於副食品食材給予的先後順序，各國的國情也不同。例如，某些國家建議 4 至 6 個月大後就可以給予的食材，在某些國家須等到 9 至 10 個月大才能給予。

依寶寶的狀況給予副食品

在 1 歲以前，寶寶的腸胃功能還未完全成熟，需要多一點時間來適應新的食物，所以假如大便變得很鬆散、很稀，甚至帶有黏液，這可能代表腸子已經受到刺激了。在這種情況下，可以減緩給予副食品的量及次數，如果情況持續 3 至 5 天仍未改善，就要尋求兒科醫師的協助找出原因。

副食品給予的 8 個原則

一次只給予一種新的食物

觀察 3 至 7 天是否有食物過敏的情形，雖然常見的過敏食物有雞蛋、豆類、花生、麥、魚、有殼海鮮，但沒有足夠證據證明延後食用有助於降低過敏疾病的發生。當給予一種新的食物時，父母需要給予嬰兒 8 至 15 次嘗試的機會來促進寶寶對新食物的接受度。

第一口副食品應符合營養和能量需求

雖然並沒有完整的研究討論副食品給予的先後順序，但根據美國小兒科醫學會的建議，鐵質化的嬰兒米粉（每天給予 4 湯匙，1 湯匙約為 15cc）和絞碎的紅肉泥（每天約 30 至 60 克）應該是很好的第一份副食品，因為它們含有大量的蛋白質、鐵和鋅（根據全美飲食調查，這個時期寶寶在飲食上最容易缺乏鋅和鐵。）。

在 6 個月前不要給予果汁

果汁只有熱量，少量的維生素和礦物質，給予過多的果汁可能影響寶寶正常的奶量或副食品的進食，6 個月大後可以給予少量果汁，但應放在喝水練習杯而非奶瓶，以避免蛀牙。6 歲前則限制一天不能喝超過 120 至 180c.c. 的果汁。

可將少量果汁放入喝水練習杯給寶寶飲用，但不宜喝鮮奶。

在 1 歲以前盡量給予多樣化的食物

　　雖然影響飲食習慣和食物的偏好有很多因素，但健康的飲食行為在嬰幼兒時期就可以建立，過度的限制食物的種類會影響營養素的來源甚至影響嬰幼兒的生長發育，一旦嬰兒可以接受嬰兒米粉和肉品之後，就可以陸續給予果泥或蔬菜泥。

1 歲之前不要給予鮮奶

　　鮮奶沒辦法提供 1 歲以前寶寶所需足夠的鐵、維生素 E、C、必需脂肪酸等，除此之外，鮮奶裡過高的蛋白質、鈉、和鉀，對寶寶的腎臟是種負擔。有些寶寶過早喝鮮奶，可能會發生缺鐵、腸胃道出血、嘔吐或腹瀉、甚至過敏反應。

給予副食品時應確保具有足夠的鈣質

　　1 歲以前，不管是母奶或配方奶都是主食，不可只吃副食品。1 歲之後，以大人的主食為主，但還是要提供奶製品。不管是母奶或配方奶，都提供了重要且容易消化的維生素、鈣、鐵和蛋白質，是 1 歲前的主食，不可光吃副食品而忽略了奶類的重要性。

製作時，確保食物的衛生、營養和飲食安全

　　1 歲以前給予糊狀、煮爛的食物；4 歲前不給予熱狗、葡萄乾、硬的胡蘿蔔塊、爆米花及圓糖以免嗆入氣管；食物的溫度接近體溫即可，避免過熱，微波後的食物也要充分攪拌，給予前注意溫度，避免燙口；不必為了讓寶寶接受副食品的意願提高，而在食物中加鹽或糖；不斷的給予及嘗試才是最好的方法；注意自己做的副食品是否有達到寶寶營養或熱量需求，根據歐美的調查，歐美父母自己製作的副食品，常常熱量、脂肪、蛋白質、鐵、和鋅的含量不足。

觀察寶寶吃完副食品後的反應和生長情形

餵母奶的寶寶在轉換副食品時，通常對嬰兒配方或較大嬰兒配方比其他固體食物的接受度高，但不能只喝配方奶而忽略其他固體食物的重要性，不管是母奶或配方奶寶寶，在進食副食品一段時間後（約 9 至 12 個月大間），必須評估是否有缺鐵的情形。

餵食副食品後的便便變化

較成形、顏色較多變化

寶寶開始吃副食品後，大便會變得較成形、較硬，同時顏色也較多變化；此外，因為食物中多了糖分和脂肪，大便的味道會變得較重。吃下豌豆或其他綠色蔬菜會讓大便變得深綠色，而紅鳳菜、木瓜等會讓大便看起來偏紅（有時尿也呈現紅色）。只要大便的型態沒有異常，如腹瀉，量多是正常的。

副食品也會影響寶寶便便的形狀及顏色。

副食品的製作及運用

寶寶的味覺初體驗，第一口副食品

如果進餐時氣氛愉快,他的大便偶爾會出現未消化的菜渣,尤其是豌豆、玉米或紅蘿蔔碎片,但以上的變化都是正常,父母不用擔心。如果擔心寶寶有便秘的問題,6個月大以後,可以每天用喝水杯給予少量果汁(不超過120c.c.)。

便便偶爾出現未消化菜渣

可能較硬或偏糊便

喝配方奶的寶寶換了較大嬰兒配方後,有些寶寶會因為較大嬰兒配方內的蛋白質含量增加而出現大便較硬的情形,有些寶寶則會因為較大嬰兒配方添加了蔗糖而產生糊便的情形。

鼓勵寶寶接受新食物的方法

一次只添加一種新食物

原則是1次只添加一種新食物,添加新食物後,觀察3至7天,注意有無腹瀉、嘔吐、皮疹、臉腫或咳嗽等過敏的症狀,嘗試4至5種食物後,才可混合餵食。

根據心理學研究指出,嬰兒開始嘗試一種新食物,可能需要8至10次的接觸、品嚐後才會接受,所以除非過敏,若寶寶暫時不能接受食物的味道或質地,請記得這是正常的現象,改善這個狀況需要時間,急不得,慢慢來,不要逼食!

兒科醫師 Tips

Q 怎麼知道寶寶是否吃飽了?

寶寶的食慾可能每餐或每天都不同,所以計算副食品的量來評估寶寶是否吃飽是不切實際的作法,反而容易造成餵食者與寶寶的困擾。

最好的方法是觀察寶寶的反應,例如,寶寶已經靠著椅背、再餵時已轉頭不想面對食物、拒絕張口或開始玩他的湯匙,就代表寶寶可能已經吃飽了。當然囉!如果寶寶滿嘴都是食物,必須等到吞下後,再嘗試餵下一口,否則他也不會張口。

雖然每個寶寶對食物都有獨特的喜好，但第一份副食品最好以煮爛或者是半液體的方式給予，之後配合寶寶的年齡和發展，由給予磨碎的食物到一小塊手指可以抓取的食物。

1 歲前給予多樣化的食物

　　在 1 歲以前給予多樣化的食物，可以避免日後寶寶偏食，雖然寶寶天生喜歡甜味或鹹味而排斥苦味，但不用刻意避免某一類食物，如苦瓜，但也不能因為寶寶拒絕而添加調味料加重口味。如果寶寶真的無法接受某一類食物，可以隔 1 至 2 週之後再試。研究也指出，接近 1 歲時，多數的嬰兒才會表現出拒絕嘗試新食物的行為。

　　母奶中可以發現媽媽飲食中食物的味道，所以在哺乳過程中，如果媽媽不挑食，寶寶接受新食物的意願也會比較高。

　　4 個月大剛開始餵食副食品時，一天以 1 次為原則；6、7 個月大時，一天可以餵食 2 次；8 個月大時，則增為一天 3 次。

　　有些食物不能在 1 歲以前給予，如蜂蜜，以免造成肉毒桿菌中毒；另外，像鮮奶也是，以免造成腎臟負擔和貧血。

添加新食物後，需觀察
寶寶是否有過敏症狀。

幫寶寶建立不偏食的良好習慣

首先，許多父母會問，應該在哪裡餵寶寶吃副食品呢？為了確保寶寶在進食時能保持身體直立、方便吞嚥，建議剛開始時選擇一個穩固、舒服可以支撐寶寶背部力量的椅子。一旦寶寶可以自己坐的很直，就可讓寶寶坐在兒童餐椅上，與大人在餐桌上共同進食，一方面可以參與家人的用餐，觀察其他人的進食習慣，也可以方便父母和寶寶同時進食。

適當的用餐規定

父母決定用餐地點、時間，和給予的食物種類；但進食的量由孩子決定。

避免分心

餵食時，讓孩子遠離噪音和干擾，並使用高腳椅來幫助侷限孩子。兒童餐椅應在餐桌旁，鼓勵孩子在用餐的時間坐在餐椅裡吃飯。家長在餐前可以提供玩具讓孩子安靜坐下，但開始進食時，玩具就應該收起來。

促進食慾的餵食方法

對於活動力強、不肯乖乖進食的寶寶可以採取：兩餐之間的間隔允許 3 至 4 小時。避免提供果汁等點心，渴的時候，只提供開水。進食的時間應配合家長吃飯的作息；典型的餵食頻率是三餐加下午點心。至於一般的寶寶可以嘗試一天進食 5 至 6 餐（三正餐加上二至三次點心）。

保持中立態度

不要強迫或懲罰性的逼孩子進食，更不要以談條件或懇求的方式請求孩子吃東西。

時間限制

當用餐時間開始時，應該在 15 分鐘內開始進食。用餐時間不超過 15 至 20 分鐘；每次給予少份量，重複給予。

提供適合年齡的食品

配合孩子的口腔動作發展來提供適合的食品，如牙齒的發育不完整時就不該提供堅硬的食物，對幼兒也不該給予大塊食物。

逐步地提供新的食物

尊重孩子有對新食物害怕的傾向。在放棄前，至少嘗試 10 到 15 次。當孩子吃了新食物，對於幼童可用讚美作為獎勵，對於較大兒童可能以一個小玩具或貼紙作為獎勵，但不要將食物當作獎勵良好行為的獎品。

鼓勵自我進食

孩子應該有自己的湯匙和兒童餐具，並讓孩子練習使用。

容忍孩子自己進食中可能造成的混亂和汙穢

如果擔心孩子自己用餐會弄髒環境，父母可以使用有溝槽的圍兜來接住進食時掉下來的食物碎片；同時讓孩子坐在兒童餐椅上用餐，並在餐椅下鋪上報紙或地墊，減少收拾的麻煩，也請不要在孩子每吃一口後，就用餐巾幫他擦嘴，以免打斷孩子的用餐情緒。

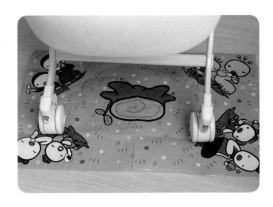

兒科醫師 Tips

Q 副食品吃得好以後就不後有偏食困擾？

讓寶寶在 1 歲之前嚐試不同種類的食物，習慣不同食物的味道、質地，對於寶寶適應固體食物，可以發揮事半功倍的效果。許多研究都顯示，太晚給予副食品，會提高餵食困難的機會，也是造成偏食的原因之一。當然，日後小朋友偏食的問題不僅僅在於嬰兒期副食品添加的時機，個性、家長用餐態度和飲食習慣的養成也都是可能的原因。

製作副食品時的注意事項

注意衛生 不論是買現成或自己製作,皆要注意烹調前的洗滌和烹調後的衛生。

注意保存期限 現成的嬰兒食品要注意有效期限,若不能當餐吃完,可以冷藏於冰箱中,但 24 小時後若沒吃完,則應該丟棄。若是烹調後的食物也不能放置於室溫下過久。

盡量不要微波食物 高溫會破壞食物中營養素如維生素 C,而且因加熱不均勻,很可能會燙傷嬰兒的口腔,如不得已,微波後也應攪拌確定不燙口後才餵食。

不要添加調味料 如香料、味精、鹽、糖。

副食品製作食材的挑選、保存及清洗注意事項

聰明媽媽蔬果挑選與處理 4 原則:

❶ 購買蔬果認明標章:可選擇具有農業 CAS 或吉園圃標誌認證的蔬果,或到信譽良好的商家購買,確保飲食安全。

❷ 採用流動清水處理蔬果:大部分農藥為水溶性,因此蔬果食用前可先用大量清水沖洗,再以流動的小水流浸泡 15 ～ 20 分鐘,無需使用鹽水或清潔劑,以免沖洗不足,反而殘留清潔劑。

❸ 各式菜類應採用不同清洗法：小葉菜類可於接近根部切除，把葉片張開後再沖洗；包葉菜類則是去除外葉後，再拆成單片沖洗；根莖類則是清洗後才去皮，凹陷不平處可以削厚一點，也可利用小毛刷或淘汰的牙刷刷洗汙垢。利用上述方法來去除農藥和汙垢。

❹ 運用小撇步讓農藥自然代謝：蔬果可放置通風處 2～3 天，讓農藥自然代謝，也可透過不加蓋烹煮、選擇當季蔬果等方式，來減低農藥殘留。

副食品的挑選與食物過敏

目前台灣約有 6% 的小孩有食物過敏的病史。食物過敏發作的時間可能很快如數分鐘到 1 小時，也可能數小時或幾天後才發生。症狀可以表現在皮膚，如像被蚊蟲叮咬後的紅斑塊（蕁麻疹）、小紅疹、慢性濕疹、或腫；也可以表現在腸胃道，如嘔吐、腹痛、腹瀉。

通常症狀來的又急又快的可能較嚴重，當寶寶有嚴重過敏反應時，可能的症狀有喘鳴、呼吸困難、舌腫和嘴腫，而這種過敏發生時，如不小心，寶寶會有生命危險。

食用食物後需注意孩子是否出現過敏反應。

最常見造成過敏的食物有，蛋、牛奶、花生、麥、豆、魚和有殼海鮮；水果類則包括柑橘類、草莓、芒果、奇異果和番茄。

如果父母有食物過敏史，寶寶食物過敏的機會比其他小孩高兩倍。但幸好大多數的寶寶在 5 歲以前食物過敏會隨著長大而緩解（最慢在青春期前），除了花生、海鮮食物之外。

最常見造成過敏的食物

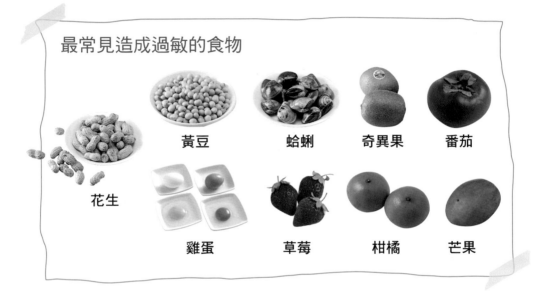

黃豆　蛤蜊　奇異果　番茄

花生

雞蛋　草莓　柑橘　芒果

兒科醫師 Tips

Q 怎麼避免寶寶食物過敏？

其實各種食物都有可能造成過敏，所以開始給予副食品時，每次給新食物後須觀察 3 至 7 天。如果買市售的嬰兒食品，之前都沒吃過，最好是選擇單一成分而非綜合口味的產品。對於常見的過敏食物也不需特別延後給予，近來研究顯示，延後給予反而會增加過敏的機會。

萬一寶寶吃了某種食物後，產生過敏症狀，可以暫時將這種食物延後至少兩週之後再試；如果再度產生過敏症狀，即應避免食用該類食物，並與醫師討論其他可能替代的必需營養食品。

臨床上，醫師可就「吃就發病」、「停吃症狀會改善」、「再吃、又再發病」的典型三部曲，做為確定食物過敏原的依據。如果寶寶已被診斷有食物過敏，父母和照顧者必須清楚何種食物會造成症狀，選擇食物時要注意成分，以及了解過敏的初期反應。

三階段副食品基本處理及製作 DIY

第 ❶ 階段副食品（4～6個月）

　　食物供應型態：湯汁或糊狀，例如：果泥、蔬菜湯汁（泥）、米糊、麥糊等，例如：

果泥　將蘋果洗淨削皮切小塊，用研磨器將蘋果塊磨成泥，再用紗布或濾網過濾後加水 1：1 稀釋即可，習慣之後可以餵食果泥。

米湯　將米加多量的水煮成熟爛的稀飯（1：10），將稀飯靜置沉澱後取上層米漿即可，習慣之後可以餵食稀飯。

米糊　將嬰兒米粉加開水或奶水調成糊狀。

蔬菜汁　紅蘿蔔洗淨切小塊，加水 1 碗，煮至湯汁滲出紅蘿蔔的顏色過濾即可，習慣之後可以餵食蔬菜泥。

紅肉泥　以消化系統的發展而言，4 至 6 個月大後，嬰兒就可以接受肉類食品，國外的建議亦是如此，只不過根據衛生福利部網站的內容，目前把肉類放在 7 至 9 個月大時才給予。這裡的建議是可視寶寶的適應狀況逐量給予，肉類不需延後給予。

- 餵食寶寶吃全穀根莖類時，先以米糊餵食，待寶寶適應之後再餵食其他種類之全穀根莖類食物。
- 選用新鮮的蔬菜、水果製作的湯汁或果泥餵食。
- 其他蔬菜及水果也可依照此法製作，但需注意一次只能嘗試一種新的食物，並且由少量（1 茶匙）開始嘗試起。

米麥製品比一比

品名	重量（克）	份量（做法）	熱量（大卡）	蛋白質（克）	鈣（毫克）	鐵（毫克）
稀飯	125	半碗（以20公克米煮成）	71	1.5	1	0.04
糙米稀飯	125	半碗（以20公克糙米煮成）	69.4	1.48	2.6	0.1
糙米麩	20	2 湯匙沖泡	78.6	2.26	2.2	0.2
嬰兒米精	20	2 湯匙沖泡	77	1.34	100	1.3
嬰兒麥精	20	2 湯匙沖泡	77.8	2.26	105	1.34

資料來源：台灣地區食品營養成分資料庫、市售嬰兒米（麥）精整理

營養師 Tips

Q 煮米湯時可以用糙米或五穀米取代白米嗎？

田間收穫的稻穀，經脫去穀殼的加工後就是糙米。去殼後仍保存些許外層組織，如皮層、糊粉層和胚芽，上述的外層組織內含豐富的營養，比起白米更富有許多維生素、礦物質與膳食纖維，但相對而言也較白米容易產生過敏，所以給予時，需仔細觀察寶寶有無過敏反應。至於五穀米，因為含有多種穀類，建議還是先以單一穀類為主，各種穀類都接觸過了，再給予五穀米。

Q 寶寶可以喝雞精（滴雞精），或用雞精當湯底嗎？

　　不管是市售的兒童雞精或滴雞精，與配方奶、鮮奶相比，其蛋白質和鈉的含量相對較高〔請見比較表〕。兩歲之前，孩童的腎功能尚未成熟，高鹽或高蛋白質飲食對嬰幼兒是種負擔，且高鹽飲食會增加日後心血管疾病風險，所以不建議直接飲用。如果要做為湯底，增加食物的風味，也應注意不要超過上限。根據 2011 年衛生福利部公布的國人膳食營養素參考攝取量第七版，蛋白質的攝取，7 至 12 個月的嬰兒，每天每公斤 2.1 公克。

　　例如：8 公斤的寶寶，每日蛋白質建議量為 16.8 公克，若每天喝 700c.c. 配方奶約可提供 9.1 至 11.2 公克蛋白質，而另外添加 1 湯匙肉與一顆蛋黃即可達建議量。

　　1 至 3 歲的幼兒，每天約為 20 公克（約 2.5 至 3 兩肉，即 6 湯匙，但要注意其他食品，例如：鮮奶或全穀類也會提供蛋白質）；國內雖然沒有建議鈉的攝取量，但根據美國衛生及公共服務部 2010 年公布的飲食指南，1 至 3 歲的幼兒，每天鈉的攝取量不應該超過 1500 毫克（也就是 3.75 克的鹽），加拿大聯邦衛生部則建議 1 至 3 歲鈉的攝取量為一天 1000 至 1500 毫克（也就是 2.5-3.75 克的鹽）。

　　在此我們的建議是一歲以下嬰兒只需天然原味的食物，不需醬料。一歲後則依每日建議攝取量推估鈉和蛋白質攝取上限。至於喝雞精是否能提升免疫力？仍需更多的研究。

每 100 毫升	蛋白質（公克）	熱量（大卡）	鈉（毫克）
O 牌滴雞精	6.5	26.0	60.7
T 牌滴雞精	7.3	30.6	57.1
D 牌滴雞精	7.2	28.9	90.9
C 牌滴雞精	4.8	25.1	119.1
B 牌滴雞精	5.3	22.0	60.7
G 牌滴雞精	4.8	26.0	68.9
兒童雞精	6.8	27.3	124.4
嬰兒配方	1.3-1.6	64-68	16-19

資料來源：市售配方整理

食物供應型態：可由流質（湯汁）或半流質（糊狀、泥狀）轉成半流質（泥狀）或固體，例如：

水果泥

木瓜洗淨、削皮、去籽後用食物磨碎器磨成泥狀即可。或梨子洗淨削皮切小塊，用研磨器將梨子塊磨成泥狀。

稀飯

依照需要比例將米與水依同放入電鍋中煮熟後，靜置 10～15 分鐘即可。（例如：五倍粥即 1 杯米加五杯水）最好將米先用冷水浸泡後再煮會更可口。若用鍋子煮粥則建議水開後再放米，並且要順同一方向攪拌，先用大火煮開再換小火熬煮 20 分鐘後再攪拌約 10 分鐘即可。

蛋黃泥

雞蛋用適量水煮至全熟，剝去蛋殼、蛋白，再將蛋黃依等分需求切割，取需要之等分，壓成泥狀加入溫開水調成泥狀餵食。

牙餅

吐司去邊後切成條狀或小丁狀，放入烤箱中烤至表面成金黃色即可。

麵糊

將麵煮至熟軟，加入開水搗爛成麵糊。

肉泥或肝泥

將絞肉或肝臟洗淨去筋，置於碗上，用湯匙取同一方向以均衡的力量刮，再將刮出之肉泥置於碗內加少許冷水攪拌均勻蒸熟即可。

注意事項

- 可開始添加蛋白質來源的豆、魚、肉蛋類及稀飯、麵條、吐司、饅頭等全穀根莖類的食物。
- 蛋黃每日餵一次，開始時由 1/8 個➡1/6 個➡1/4 個➡1/2 個➡1 個逐量增加，如大便正常且無過敏反應，可每 3 ～ 4 日調整一次食量。
- 將不同的食物分開餵食後若無出現過敏反應（紅疹、便秘或拉肚子等），才可混合餵食，例如：肉泥 + 麵糊或蛋黃 + 米糊等。
  - 其他蔬菜及水果也可依照此法製作，但需注意一次只能嘗試一種新的食物，並且由少量（1 茶匙）開始嘗試起。

兒科醫師 Tips

Q 寶寶從多大開始可以練習使用餐具？

8、9 個月大時，寶寶會想要抓住餵食者的湯匙，同時用手抓食物，出現這些跡象都代表他想要自我進食，此時父母可以給予「手指食物」（請參見 P65），鼓勵他自我進食。當他能精確的將手指食物放入口中時〔一般是在周歲後〕，就可以開始訓練寶寶使用餐具，而多數的寶寶可在一歲半時自己使用湯匙吃東西。至於叉子的練習必須小心（建議1歲之後），以免受傷。

食物供應型態： 可轉為固體，例如：

水果丁　蘋果、香蕉或草莓等水果，香蕉、草莓切丁狀，蘋果切薄片。

一口飯糰　白飯趁熱分成寶寶一口大小，取熟蛋黃壓成泥拌入其中1分，再捏成圓型或其他形狀即可；也可以拌入胡蘿蔔泥與海苔粉等，製成不同口味的飯糰。

通心麵　通心麵煮熟且爛後，再加入無油高湯與番茄一起燉煮。

餛飩　以市售餛飩皮包高麗菜末、絞肉或蝦仁泥；也可將剩餘的菜和肉末直接熬煮成粥。

肉丸子　取豬絞肉加入太白粉攪拌後搓成小肉丸，水滾後，放入小肉丸煮熟即可。

紅蘿蔔炒蛋　紅蘿蔔切絲，蛋打散後加入少許太白粉水（口感較好）備用，起油鍋先將紅蘿蔔絲炒軟，再加入蛋液炒拌均勻即可。

注意事項

・可添加全蛋、乾飯等食物，並可供應方便寶寶自行餵食的食物。

第**2**章

寶寶的三階段副食品 & 斷奶食品

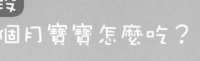

第一階段
4～6個月寶寶怎麼吃?

4～6個月寶寶發展特色

- 頭能直立
- 在高腳椅上坐的很好
- 有咀嚼動作
- 體重為出生體重兩倍
- 對食物有興趣
- 能用上唇抿嘴而非僅僅吸食
- 可以將口腔內食物由前往後送
- 可以用舌頭攪拌食物,而非將食物頂出
- 即使一天餵食8至10次或者是奶量超過1000c.c.,寶寶仍覺得饑餓
- 少數寶寶開始長牙

4～6個月寶寶飲食建議

　　母奶或配方奶加上食物泥(如甘薯泥、蘋果泥、香蕉泥)或半液體鐵質強化米粉,第一次給寶寶餵食時,請選擇一個寧靜、舒適的時間,讓寶寶有一次愉快的經驗。確保你的寶寶坐正,以便吞嚥食物,減低被食物噎住的機會。開始時,一茶匙的食物泥(濃度從稀開始)或嬰兒米粉。嬰兒米粉可以1:4～5的比例與母奶或配方奶調勻。

　　如果寶寶適應得不錯,餵食量逐漸增加到1湯匙至4湯匙,1天1至2次,嬰兒米粉的濃度也可以增加。

 小提示　別期望寶寶一下子就能接受副食品,如果寶寶不願吃,過幾天再試!

營養師 **Tips**

Q 添加副食品時應掌握哪些原則？

　　針對副食品之添加建議採漸進式添加：一開始先讓寶寶吃 1 至 2 湯匙以母奶或是開水泡成糊狀的米粉，如果寶寶吃得不錯，幾天後可以另外再餵一餐。通常約在開始進食兩個月後左右，可以一天吃到三餐的副食品。一旦寶寶熟悉適應不同的進食方式時，可以慢慢改變食物的性狀，增加食物的黏稠度，並且添加其他的食物。根據 6th pediatric nutrition handbook ，2009 美國兒科醫學會的建議，應該是先讓寶寶接受嬰兒穀類食物，然後才提供蔬菜泥和水果泥，一次只給予一種新的食物，並 3 至 7 天後再嘗試另一種新的食物。讓寶寶坐在媽媽的大腿上，給予適當支撐坐在餐椅上，一次的量從一茶匙開始再慢慢增加。

四季可運用食材

胡蘿蔔、枇杷、草莓、米

梨子、洋香瓜、水蜜桃、西瓜、鳳梨、荔枝、芒果、火龍果、冬瓜、絲瓜、葡萄、百香果

蓮藕、木瓜、蘋果、柿子、甜椒、花椰菜、百香果、楊桃

高麗菜、白蘿蔔、大白菜、柳橙、蕃茄、洋蔥、菠菜

資料來源：行政院農業委員會 農漁生產地圖
http://kmweb.coa.gov.tw/jigsaw2010/Index.aspx

過敏體質的寶寶需延後吃副食品嗎？

　　雖然目前建議完全哺育母乳時間至 6 個月，但對於非過敏性體質寶寶而言，4～6 個月屬於適應期，也就是適應副食品的階段，而這個階段是寶寶成長期中奶量最多的時候，母乳仍是他們最重要的營養來源，因此不論副食品吃得多寡都毋需太過擔心，重點是要讓寶寶願意嘗試。

　　站在兒科醫師的角度，據目前的研究，完全哺育母乳 6 個月比起混合哺育 3 至 4 個月的寶寶，有較低的腸胃道疾病發生率和呼吸道疾病發生率（可能），而根據一篇 2012 年實證醫學的研究〔Cochrane Database Sys Rev. Optimal duration of exclusive breastfeeding〕，純餵母奶 6 個月與有效降低過敏並無關聯性。

　　對於 4 個月大後仍然以母奶為主食的寶寶而言，在未完全接受含鐵副食品如嬰兒米粉或肉泥之前，應請兒科醫師開立口服鐵劑以預防貧血。

4～6 個月寶寶建議食譜

　　烹調方面，最好是要餵食之前再製備。媽媽可以多利用一些方便製作的食物，例如：高麗菜、胡蘿蔔、木瓜、冬瓜、蘋果等容易保存且家人常吃的蔬果製作成蔬菜汁或稀釋果汁等，待寶寶適應食物的味道及口感後，可逐漸增加泥的比例。。

　　若一次大量製備的話，容易在重複加熱的過程中，造成污染，且反覆加熱也會加速破壞營養素。但若是真的無法當天製作，可以利用家中常用的保鮮盒、製冰盒或母乳袋等分成小等分、加蓋密封，預防污染。

4～6 個月寶寶每日副食品建議量

全穀根莖類（米糊或麥糊）3／4～1 碗 ➕ 蔬菜汁 1～2 茶匙

註
- 1 湯匙＝15 公克＝3 茶匙
- 全穀根莖類 1 份相當於稀飯或麵條 1/2 碗、吐司麵包 1/2 片、中型饅頭 1/3 個、飯 1/4 碗或米（麥）粉 4 湯匙。

一日飲食建議

06：00 ➡ 母乳或配方奶

10：00 ➡ 米粉 1 ~ 2 湯匙 + 母乳或配方奶

14：00 ➡ 母乳或配方奶

18：00 ➡ 蔬菜湯或果泥 1 ~ 2 湯匙 + 母乳或配方奶

22：00 ➡ 母乳或配方奶

02：00 ➡ 母乳或配方奶（視寶寶狀況餵食）

營養師
小提醒

🍐 每吃一種新的食物時，應注意寶寶的糞便及皮膚狀況，若餵食 3 至 7 天後沒有不良反應，如：腹瀉、嘔吐、皮膚潮紅或出疹等，才可換另一種新的食物。

🍐 本單元介紹的果汁、米湯、蔬菜湯，若寶寶適應良好，都可以逐日增加濃度喔，若以母奶為主的寶寶，請注意鐵質的補充。

營養師
Tips

Q 每天吃不到建議的份量及均衡食材怎麼辦？

依據衛福部的建議只是符合大多數寶寶的需要量，但是每個寶寶有其差異性，若是寶寶食量小但體重有持續成長，那就不用強迫吃到建議量，只是要注意寶寶成長需要的營養素補充，例如：含鐵質或鈣質的各種食物，且要儘量做到多變化，若是沒辦法每天變化，至少要每週變化，千萬不要依照大人的口味喜好來幫寶寶準備食物唷！最後提醒爸爸媽媽，若是寶寶吃得少且體重未持續增加，則要詢問小兒科醫師或營養師，給予詳細的評估。

米湯

蔬菜米糊

 米湯（一人份）

❈ 材料：米 20 公克、水 200c.c.
❈ 做法：
❶ 米洗淨加適量的水（1：10）。
❷ 放入電鍋中，外鍋加 1 杯水，煮成熟爛的稀飯。
❸ 將稀飯靜置沉澱後，以濾網過濾取上層米湯即可。

蔬菜米糊（一人份）

❈ 材料：高麗菜 30 公克、紅蘿蔔 30 公克、米湯適量、嬰兒米粉 3 小匙
❈ 做法：
❶ 將高麗菜、紅蘿蔔洗淨、切絲。
❷ 取適量水，將高麗菜絲和紅蘿蔔絲一起放入鍋中，煮沸後略滾一下至湯汁滲出高麗菜及紅蘿蔔的顏色。
❸ 以濾網過濾做法 2 的蔬菜汁，取 1/4 碗。
❹ 於蔬菜汁中加入 1/4 碗米湯（不可有顆粒）與嬰兒米粉，攪拌一下即可。（＊米湯與蔬菜汁的混合比例為 1：1。）

紅蘿蔔汁

高麗菜汁

小叮嚀

待寶寶適應食物的味道及口感後,菜汁或果汁都可留下些許泥,並逐漸增加泥的比例。

紅蘿蔔汁(泥)(一人份)

❋ 材料:紅蘿蔔 50 公克、水適量
❋ 做法:
1 將紅蘿蔔洗淨、切成細絲。
2 將切好的紅蘿蔔絲放入鍋中,加水 1 碗,以用中火煮至滾後,再煮約 3 分鐘至湯汁滲出紅蘿蔔的顏色即可。
3 將煮好的紅蘿蔔湯倒入紗布中過濾出湯汁(或以濾網過濾)放涼即可餵食。

高麗菜汁(泥)(一人份)

❋ 材料:高麗菜 50 公克、水適量
❋ 做法:
1 將高麗菜洗淨、切成細絲。
2 將高麗菜絲置入鍋中加水 1 碗,用中火煮滾後,冉煮約 3 分鐘至湯汁滲出高麗菜的顏色即可。
3 將菜湯倒入紗布(或濾網)中過濾出菜汁即可。

莧菜汁

水蜜桃汁

小叮嚀

對這個階段的寶寶而言，自製果汁濃度太高，因此建議開始餵食時先以 1：1 的方式對開水稀釋後再供應給孩子食用。

莧菜汁（泥）（一人份）

✽ 材料：莧菜 30 公克、水適量
✽ 做法：
① 莧菜洗淨、切小段。
② 將莧菜丁置入鍋中，加入一杯清水煮滾至湯汁滲出莧菜的顏色即可。
③ 將煮好的菜湯倒入紗布中過濾出（或以濾網過濾）湯汁放涼即可餵食。

水蜜桃汁（泥）（一人份）

✽ 材料：水蜜桃 100 公克
　　　　（約是中型水蜜桃一顆）
✽ 做法：
① 水蜜桃洗淨、去皮、切塊。
② 果肉置於乾淨的紗布中，以手擠壓出果汁（或以湯匙壓出果汁，再以濾網過濾）。
③ 將果汁以 1：1 的冷開水稀釋即可。

地瓜葉汁（泥）（一人份）

✻ 材料：地瓜葉 50 公克、水 1 杯

✻ 做法：

❶ 將地瓜葉洗淨、切成段。

❷ 於鍋中加水 1 杯，置入切好的地瓜葉，以用中火煮滾後再煮約 3 分鐘，至湯汁滲出地瓜葉的顏色。

❸ 倒出菜湯以紗布過濾出（或以濾網過濾）菜汁放涼即可餵食。

蓮藕汁（泥）（一人份）

✻ 材料：新鮮蓮藕 40 公克、水適量

✻ 做法：

❶ 將蓮藕洗淨切片。

❷ 蓮藕片置入鍋中以清水煮滾至熟軟後撈起。

❸ 將做法 2 置入果汁機中，加入些許冷開水打成汁，以濾網過濾出湯汁即可。

大黃瓜汁

瓠瓜汁

大黃瓜汁（泥）（一人份）

✹ 材料：大黃瓜 50 公克、水適量
✹ 做法：
① 將大黃瓜洗淨、削皮後切成細絲。
② 於鍋中加水適量，再將切好的大黃
  瓜絲放入鍋中煮滾至軟。
③ 將煮好的菜湯倒入紗布中過濾出湯
  汁（或置於濾網上以湯匙略壓，過
  濾出湯汁）放涼即可餵食。

瓠瓜汁（泥）（一人份）

✹ 材料：瓠瓜 50 公克、水適量
✹ 做法：
① 將瓠瓜洗淨、去皮後刨成細絲。
② 將切好的瓠瓜絲放入鍋中，加入適量的
  水，用中火煮滾至軟。
③ 最後倒出以乾淨的紗布壓擠出湯汁（或
  置於濾網上以湯匙略壓，過濾出湯汁）
  即可。

木瓜泥

火龍米糊

 木瓜泥（一人份）

❈ 材料：木瓜 30 公克
❈ 做法：
❶ 木瓜洗淨、對切、去籽。
❷ 以湯匙將上層果肉刮成細泥狀即可。

火龍米糊（一人份）

❈ 材料：火龍果 1／4 顆、水適量、嬰兒
　　　　米粉 3 小匙
❈ 做法：
❶ 將火龍果洗淨、削皮、切塊。
❷ 以乾淨的紗布包起切塊的果肉，用湯匙
　略壓果肉擠出果汁（或置於濾網上以湯
　匙略壓果肉，過濾出湯汁）。
❸ 加入適量冷開水與嬰兒米粉調成糊狀
　即可。

63

第二階段
7～9個月寶寶怎麼吃？

7～9個月寶寶發展特色

- 頭能直立
- 在高腳椅上坐的很好
- 有咀嚼動作
- 對食物有興趣
- 能用上唇抿嘴而非僅僅吸食
- 可以將口腔內食物由前往後送
- 可以用舌頭攪拌食物，而非將食物頂出

- 即使一天餵食 8 至 10 次或者是奶量超過 1000cc，寶寶仍覺得饑餓
- 多數寶寶開始長牙
- 8 個月大時，更能靈活的運用舌頭攪伴食物、咀嚼，能夠將東西一手交換至另一手
- 9 個月大時能夠拇指和食指夾取食物
- 什麼東西都往嘴巴裡放

7～9個月寶寶飲食建議

母奶或配方奶，再加上鐵質化米粉、麥粉、水果泥、蔬菜泥、肉泥、豆腐泥。給寶寶嘗試一些新口味及更多口感的食物，引導他學習咀嚼，當寶寶習慣了多種不同口味的食物後，可以讓他嘗試比糊狀更有質感的食物。例如，用叉子壓碎已煮軟的食物（約同豆腐的柔軟度），就算寶寶現在還沒出牙也沒關係，寶寶的牙床已經足以應付咀嚼柔軟質感的食物。

寶寶這時一天大約進食 4 至 5 次的母乳（或者是一天總量 700 毫升的配方奶）。固體食物大約一天 2 至 3 次。但注意每位寶寶的胃口都不一樣，每天也不一樣，不要強迫進食。

8、9 個月大時，寶寶會想要抓住餵食者的湯匙，同時用手抓食物，出現這些跡象都代表他想要自我進食，此時父母可以給予「手指食物」，除了可以增加寶寶進食樂趣之外，還可以幫忙寶寶發展精細肌肉動作和

手眼協調能力。**手指食物包括：**

- 已煮熟、煮爛及容易進食的肉泥，例如，蒸到軟熟的雞絞肉或牛肉泥。
- 手指大小的蒸熟蔬菜或根莖類，例如，一小條紅蘿蔔、南瓜、地瓜等。
- 小片餅乾或牙餅，例如，一小片牙餅。
- 小塊烤過的麵包，例如，一小塊烤過的吐司。
- 手指大小的香蕉、哈密瓜、芒果等軟質水果。

小提示

一次只提供一種新的食物，觀察 3 至 7 天寶寶有無過敏反應，謹記每種新食物都要讓寶寶試吃幾天，讓他習慣新口味，然後才慢慢增加份量。

切勿給寶寶進食未經煮熟的紅蘿蔔、堅果、棒棒糖、爆米花、香腸等，因為這些食物都較容易導致噎住。在任何情況下，寶寶在進食時，無論正餐及小食，均需有成人陪同。留意任何突如其來的聲音，都有機會使寶寶噎住。

四季可運用食材舉例

春天 代表食材　胡蘿蔔、山藥、玉米、米、苦瓜、茄子、甘藷、草莓、香蕉、枇杷

夏天 代表食材　冬瓜、苦瓜、絲瓜、梨子、洋香瓜、水蜜桃、西瓜、鳳梨、芒果、火龍果、酪梨、葡萄、百香果、黑鮪魚、黑鯛、旗魚等

秋天 代表食材　芋頭、蓮藕、南瓜、甜椒、花椰菜、青花菜、甘藍、木瓜、蘋果、柑橘、鮪魚、石斑魚、旗魚等

冬天 代表食材　高麗菜、白蘿蔔、大白菜、番茄、馬鈴薯、洋蔥、茄子、菠菜、油菜、紅豆、草莓、石斑魚等

資料來源：行政院農業委員會 農漁生產地圖
http://kmweb.coa.gov.tw/jigsaw2010/Index.aspx

7～9 個月寶寶建議食譜

選擇食材的部分，特別注意的是要新鮮並且無污染的，以蔬菜水果而言，盡量選擇當季出產且容易處理的種類，果實或菜葉要飽滿及肥厚者，另外，要記得蔬菜在製作前一定要先煮熟千萬不可給寶寶吃生菜汁否則容易受到感染。而魚肉類的部分，也是需要注意新鮮並一定要煮熟，以避免發生感染及引起過敏現象。

市售的一般果汁並不適合小小孩喝吃，一來大多不是真正的百分百純果汁，而且所含的大量糖分，不但會讓寶寶累積多餘的脂肪，也可能造成腹瀉、脹氣或是蛀牙。在這個階段媽媽有時候會發現寶寶的胃口變差，是因為此時寶寶的成長速度逐漸平緩，且對外界的好奇心增強所致，只要注意一些技巧，寶寶就會表現很好了！

7～9 個月寶寶每日副食品建議量

> 全穀根莖類 2～3 份 ➕ 蔬菜泥 1～2 湯匙 ➕ 水果泥 1～2 湯匙 ➕
> 豆魚肉蛋類 0.5～1 份

- 1 湯匙 =15 公克 =3 茶匙
- 全穀根莖類 1 份相當於稀飯或麵條 1/2 碗、吐司麵包 1/2 片、中型饅頭 1/3 個、飯 1/4 碗或米（麥）粉 4 湯匙。
- 豆魚肉蛋類 1 份相當於蛋黃泥 2 個（每日不建議吃超過 1 個蛋黃）、豆腐半盒、無糖豆漿 240c.c.、魚泥（肉泥或肝泥）1 兩或蒸全蛋 1 個（建議 10 個月後再吃全蛋）

一日飲食建議

06：00 ➡ 葡萄奶糊半碗＋母乳或配方奶
10：00 ➡ 母乳或配方奶
12：00 ➡ 山藥雞蓉粥
14：00 ➡ 母乳或配方奶
18：00 ➡ 花椰菜吐司濃湯
21：00 ➡ 母乳或配方奶

營養師小提醒 可從 7 個月的建議食譜開始供應，當寶寶都適應後可以逐漸變換食譜，且每項食材都要單獨讓寶寶試過沒問題後，才可混在一起烹調，逐日改變菜單。若是之前嘗試過且寶接受度良好，可以重複供應，媽媽可視寶寶的進食狀況調整食譜，例如 9 個月大的寶寶也可以吃 7 個月的建議食譜，但建議調整質地，原本是糊狀可以改成泥狀或顆粒狀。

7 個月大後父母就可以開始熬製高湯囉！

蔬菜高湯製作方式：

材料
準備紅蘿蔔 1 條、小型高麗菜 1／8 顆、蘋果半顆、洋蔥 1 顆、馬鈴薯 1 顆、牛番茄 1 顆。

做法

❶ 將所有材料洗淨去皮切小塊（牛番茄尾端輕劃十字，放入滾水中氽燙後即方便去皮），水滾後（約 1000c.c.）放入，熬煮 1 小時到 1.5 小時左右就完成了。

❷ 高湯煮好同時，可以將剩餘材料瀝出後打成泥狀，方便之後餵食。

❸ 煮好的高湯放涼後可用有蓋的冰磚盒或小型保鮮盒冰起來保存。

小提示 蔬菜部分可以依據時令做調整，但建議先讓寶寶單獨試過每種食材無過敏現象再使用唷！

翠玉黃瓜泥（一人份）

❋ 材料：大黃瓜 50 公克 、傳統豆
　　　　腐 40 公克
❋ 做法：
　① 將大黃瓜洗淨、削皮、切塊。
　② 豆腐燙熟後，用模型壓成型
　　　後，以湯匙在中間挖一個洞
　　　備用。

　③ 大黃瓜放入電鍋蒸軟後，用
　　　湯匙壓磨成泥狀，與挖出的
　　　豆腐拌勻成細泥。
　④ 將做法 ❸ 填入做法 ❷ 的豆
　　　腐洞中即可。

開心香蕉米糊（一人份）

❄ 材料：香蕉 30 公克、米粉或
麥粉 3 匙（配方奶用小
匙）、水適量

🥄 做法：

❶ 米粉加水調成糊。

❷ 香蕉去皮、切小塊，以湯匙
將香蕉塊壓 成泥狀。

❸ 於米糊中加入香蕉泥攪拌均
勻即可。

寶寶的三階段副食品&斷奶食品

第二階段 7～9 個月寶寶怎麼吃？第 1 日參考食譜

69

🍲 黃金薯泥（一人份）

❋ 材料：地瓜 80 公克、煮熟蛋黃 1 ／ 2 顆

❋ 做法：

① 將地瓜洗淨、削皮、切塊。

② 置入電鍋，外鍋加水 1 杯，蒸約 1 小時取出。

③ 以研磨器或湯匙將地瓜塊磨成泥狀。

④ 蛋黃以湯匙攪碎，拌入地瓜泥攪拌均勻即可。

豌豆翡翠粥（一人分）

✽ 材料：豌豆仁 10 公克、黃帝豆
　　　　15 公克、米 15 公克、
　　　　水適量

✽ 做法：

❶ 水和米以 5：1 比例入鍋熬
　煮，煮熟後將米粒壓成糊
　狀。

❷ 黃帝豆去皮與豌豆仁一同洗
　淨後放入沸騰的開水中煮至
　熟軟。

❸ 將煮軟的豆仁置入搗缽中搗
　成泥狀。

❹ 再將豆泥與煮好的粥仔細拌
　勻即可。

小提示

製作泥狀食物除可放入搗
缽中搗成泥狀或以湯匙壓
之外，也可用攪拌棒或小
型調理機協助，較為快速。

寶寶的三階段副食品＆斷奶食品

第二階段 7～9 個月寶寶怎麼吃？第 1、2 日參考食譜

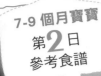
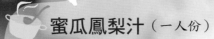

蜜瓜鳳梨汁（一人份）

❈ 材料：水蜜桃 30 公克（可用蘋果替代）、鳳梨 40 公克、哈密瓜 30 公克、開水 30c.c.

❈ 做法：
① 將水蜜桃、哈密瓜及鳳梨分別洗淨、去皮、切小塊。
② 將水果塊與開水一同放入果汁機中攪打均勻即可。

花椰菜吐司濃湯（一人份）

✳ 材料：綠花椰菜 10 公克、無刺
　　　魚肉 15 公克、去邊吐司
　　　一片、配方奶 30c.c.、蔬
　　　菜高湯適量（請參見 P）

✳ 做法：

❶ 綠花椰菜洗淨、取前段小
　花，入鍋汆燙至熟。

❷ 無刺魚肉入鍋汆燙至熟。

❸ 將做法 ❶、❷ 的食材置入
　搗缽中搗成泥狀。

❹ 吐司以手撕成小塊備用。

❺ 取少許高湯置入湯鍋，加入
　做法 ❶ 至 ❹ 一同略煮至滾，
　起鍋前加入配方奶以小火拌
　勻即可。

哈密瓜米糊（一人份）

❋ 材料：哈密瓜 80 公克、嬰兒米粉 3 小匙（同嬰兒奶粉小匙）

❋ 做法：

① 哈密瓜洗淨、去皮後切小塊。

② 將小塊哈密瓜以研磨器磨成細泥狀。

③ 再加入嬰兒米粉拌勻即可。

番茄牛肉烏龍麵（一人份）

✽ 材料　中型紅番茄半顆、、牛
肉 10 公克、水適量、市
售烏龍麵 50 公克

✽ 做法：

❶ 在番茄底部表皮淺劃十字刀
紋，放入熱水中汆燙後，撕
去外皮。

❷ 將去皮後的番茄對切並去
籽，之後將果肉用湯匙壓成
泥狀備用。

❸ 牛肉刮成泥狀後放入電鍋中
蒸熟。

❹ 將烏龍麵燙煮過後置入搗缽
搗爛成泥。

❺ 將做法 ❷ 至 ❹ 材料拌勻即
可。

小提示

不吃牛肉的寶寶可
換成豬肉。

寶寶的三階段副食品＆斷奶食品

第二階段 7～9個月寶寶怎麼吃？第3日參考食譜

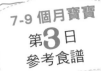
🥣 牛奶蒸蛋（一人份）

✿ 材料：母乳（或配方奶）100c.c.、
　　　　蛋黃 1 個

✿ 做法：

① 將蛋黃打散與母乳或配方奶
　混合。

② 以濾網過濾蛋汁後再將濾過
　的液體倒入碗裡。

③ 於鍋中加水煮至滾，置入盛
　裝蛋汁的碗，以小火蒸熟即
　可。

小提示

可利用電鍋或蒸鍋蒸，外
鍋加水 1 杯，放進蒸鍋或
電鍋蒸的時候，蓋子不要
完全蓋緊，避免蒸的過程
蛋液滾起來而出現小洞，
吃起來會缺乏細緻感。

南瓜奶泥（一人份）

❊ 材料：南瓜 50 公克、母乳（或
配方奶）30c.c.

❊ 做法：

① 南瓜洗淨後切成塊狀。

② 將南瓜置於電鍋中，於外鍋
中加水 1 杯，將南瓜蒸熟。

③ 將蒸熟的南瓜去皮後以湯匙
壓成泥狀。

④ 於南瓜泥中加入母乳或配方
奶拌勻即可。

豬肝米糊（一人份）

✱ 材料：豬肝 20 公克、嬰兒米
（麥）粉 2 小匙（同
嬰兒奶粉小匙）

✱ 做法

1 豬肝洗淨，用鐵湯匙刮
成細漿。

2 將做法 1 放入電鍋中，
外鍋加少許水蒸熟。

3 於豬肝泥中拌入米（麥）
粉即可。

鮭魚雜燴粥（一人份）

※ 材料：鮭魚 10 公克、地瓜 15 公克、菠菜葉 10 公克、五倍粥 1／4 碗

做法：

1. 將地瓜去皮切、小丁放入電鍋中，外鍋加半杯水將地瓜蒸熟。
2. 菠菜葉洗淨、汆燙至熟後切成細末備用。
3. 鮭魚放入電鍋中，外鍋加半杯水，將鮭魚蒸熟後以湯匙壓碎。
4. 將所有食材放入煮好的五倍粥裡，加入地瓜丁與波菜末略滾一下即可。

小提示

五倍粥指的是米與水以 1：5 的方式煮成的粥。

葡萄奶糊（一人份）

❀ 材料：新鮮葡萄 30 公克、嬰兒米粉 2
匙（奶粉匙）、配方奶或母乳
30c.c.

❀ 做法：

① 葡萄洗淨後剝皮並取出籽。

② 以研磨器將葡萄磨成泥狀。

③ 將葡萄泥與米粉及配方奶一同攪
拌均勻即可。

山藥雞蓉粥（一人份）

❋ 材料：雞肉泥 10 公克、山藥 30 公克、五倍粥 120 公克、紅蘿蔔末 5 公克（可用研磨器磨成末）

❋ 做法：
① 山藥去皮、洗淨、切成丁狀，放入滾水中汆燙取出備用。

② 取一湯鍋加適量水，放入山藥丁、紅蘿蔔末與雞肉泥以中火煮軟。

③ 最後加入白粥拌勻即可。

小提示

製作雞肉泥時可將雞絞肉置於碗中，用湯匙取同一方向以均衡的力量刮，再將刮出之肉泥置於碗內加少許冷水攪拌均勻蒸熟即可。或者也也可用攪拌棒或小型調理機協助，較為快速。

寶寶的三階段副食品&斷奶食品

第二階段 7～9 個月寶寶怎麼吃？第 5 日參考食譜

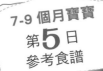

自製豆漿（一人分）

❋ 材料：黃豆100公克、水800c.c.

❋ 做法：

① 黃豆先洗淨泡水（約8小時）。

② 泡好的黃豆撈出放入果汁機中，加水打成汁。

③ 濾掉豆渣後加熱煮滾，並續煮半小時（生豆漿需煮沸後才可食用），煮的時候順時攪拌以免底部焦糊，最後取適量餵食即可。

小提示

可一次製作較多份量的豆漿，經略微調味供全家人食用，1歲以上寶寶或大人食用可以保留豆渣、以攝取更豐富的營養素。

第二階段副食品鈣、鐵含量表

品名	7～12 個月需要量	鈣（毫克）	鐵（毫克）
翠玉黃瓜泥	• 依據衛生福利部國民健康署之國人膳食營養素參考攝取量建議 6-12 個月寶寶鈣質建議攝取量 400 毫克／天、鐵質建議攝取量 10 毫克／天（兒科醫學會 11 毫克／天） • 母乳平均提供 　鐵 0.035 毫克 /100c.c. 　鈣 20-25 毫克 /100c.c. • 市售配方奶平均提供 　鐵 0.6-1 毫克 /100c.c. 　鈣 40-50 毫克 /100c.c.	64	0.9
開心香蕉米糊		39	0.6
黃金薯泥		46.1	1.2
豌豆翡翠粥		8.0	2.4
蜜瓜鳳梨汁		12.6	0.2
花椰菜土司濃湯		27.6	0.8
哈密瓜米糊		61.2	0.8
番茄烏龍麵		7.8	0.6
牛奶蒸蛋		84.6	2.5
南瓜奶泥		20	0.5
豬肝米糊		30.6	2.6
鮭魚雜燴粥		13.8	0.3
葡萄奶糊		46.7	0.8
自製豆漿（100c.c.c 含豆渣）		21	0.57
山藥雞蓉粥		4.5	0.2

豆漿、米漿比一比

品名	熱量（大卡）	蛋白質（公克）	鈣（毫克）
母乳（100c.c.）	65 ～ 70	0.9	20-25
配方奶（100c.c.）	67	1.5	45 ～ 50
市售豆漿（100g）	65.2	2.7	11
市售糙米漿（100g）	73.5	1.1	2
全脂鮮奶（100g）	64	3.1	110

小提示　1 歲以內的寶寶所攝取的食物種類與份量不足以供應身體成長所需的營養，因此母乳或配方奶的供應是很重要的，不建議以市售豆漿、米漿或鮮奶來取代母乳或配方奶唷！不僅營養素不均衡，蛋白質的比例較高也容易增加寶寶腎臟負荷。而自製的糙米漿或豆漿則可以當成副食品來供應。

第三階段
10～12個月寶寶怎麼吃？

10～12個月寶寶發展特色

- ♥ 頭能直立
- ♥ 在高腳椅上坐的很好
- ♥ 有咀嚼動作
- ♥ 對食物有興趣
- ♥ 能用上唇抿嘴而非僅僅吸食
- ♥ 可以將口腔內食物由前往後送
- ♥ 可以用舌頭攪拌食物，而非將食物頂出
- ♥ 靈活的運用舌頭攪伴食物、咀嚼，能夠將東西一手交換至另一手
- ♥ 能夠拇指和食指夾取食物
- ♥ 什麼東西都往嘴巴裡放
- ♥ 吞嚥更容易
- ♥ 長更多的牙
- ♥ 想用湯匙自己吃

「10～12個月寶寶飲食建議」

　　如果情況許可下，請繼續給予寶寶母乳，這對寶寶是非常有益的。如果寶寶長得又快又健康，大部分醫生都會建議繼續母乳餵哺。

　　如果寶寶是進食配方奶的話，也請繼續。媽媽要留意，這時寶寶還未適合飲用鮮奶。現在寶寶一天大約飲用 600 至 800c.c. 奶量（大約 3 次份量），進食三餐的固體食物，父母亦可安排兩餐之間給予寶寶一些點心。

每日的飲食搭配，母奶或配方奶，再加上：
- 自製布丁或奶酪等自製奶類製品。
- 鐵質化穀類（例如，米粉、麥粉）。
- 小塊豬肉、雞肉、無骨的魚肉（例如，0.5cm 的小塊軟肉）。
- 豆類、扁豆。
- 蛋黃。

- 麵包、米飯。
- 軟質小塊水果，例如，切小塊的木瓜、香蕉。
- 軟質小塊蔬菜，例如，煮熟的小塊紅蘿蔔、花椰菜、青豆。

有些寶寶仍然未長牙，但不用擔心，他會嘗試利用牙肉將食物咀嚼，同時不斷地學習利用拇指及食指拿起細小食物。此時父母仍可以給予手指食物，並鼓勵寶寶拿著學習湯匙自己進食。當然，不要期望寶寶一下子會乖乖進食，起初他或許會有點手忙腳亂，會弄得餐桌、地板上都是食物，也可能滿臉都是食物殘渣，但這是學習的必經階段。

小心留意食物的質地、大小是否能配合寶寶所屬的年紀。避免孩子吃得過急，或一次放得太多食物在口裡而造成噎著。無論是正餐還是點心，小孩子必須在成人陪同下進食，特別是開始學習自行進食的寶寶。

四季可運用食材舉例

胡蘿蔔、山藥、玉米、香菇、米、苦瓜、甘藷葉、茄子、杏鮑菇、甘藷、毛豆、枇杷、草莓、蓮霧、香蕉、草莓

冬瓜、苦瓜、絲瓜、杏鮑菇、梨子、洋香瓜、水蜜桃、西瓜、鳳梨、荔枝、芒果、火龍果、酪梨、葡萄、草蝦、黑鮪魚、黑鯛、旗魚

芋頭、蓮藕、南瓜、韭菜、甜椒、花椰菜、花菜、甘藍、木瓜、蘋果、柑橘、柿子、百香果、楊桃、草蝦、青鮪魚、吳郭魚、石斑魚、旗魚

高麗菜、白蘿蔔、玉米、大白菜、番茄、馬鈴薯、茼蒿、洋蔥、茄子、菠菜、油菜、紅豆、柳橙、椪柑、蓮霧、草莓、吳郭魚、石斑魚

資料來源：行政院農業委員會 農漁生產地圖
http://kmweb.coa.gov.tw/jigsaw2010/Index.aspx

「10～12個月寶寶建議食譜」

　　每個孩子都有自己的個性，建議爸爸媽媽要從小去了解寶寶的個性，並營造愉悅溫馨的進食環境，可以更有效幫助寶寶進食。除此之外，當媽媽若對寶寶有強迫性餵食時，也會對他產生無形的飲食壓力，間接造成孩子的厭食或偏食。

　　而家人的飲食習慣也會影響寶寶，例如，媽媽本身不喜歡吃青菜，小朋友也會有樣學樣不吃青菜，或者媽媽下意識會準備較少的青菜餵食寶寶，而導致偏食問題。因此，若是要有一個健康的寶寶，必須要先有一對飲食習慣良好的爸媽。

「10～12個月寶寶每日副食品建議量」

全穀根莖類 3～4 份 ➕ 剁碎蔬菜 2～4 湯匙 ➕
軟的或剁碎水果 2～4 湯匙 ➕ 豆魚肉蛋類 1～1.5 份

 註
- 1 湯匙 =15 公克 =3 茶匙
- 全穀根莖類 1 份相當於稀飯或麵條 1/2 碗、吐司麵包 1/2 片、中型饅頭 1/3 個、飯 1/4 碗或米（麥）粉 4 湯匙。
- 豆魚肉蛋類 1 份相當於蛋黃泥 2 個（每日不建議吃超過1個蛋黃）、豆腐半盒、無糖豆漿 240c.c.、魚泥（肉泥或肝泥）1 兩或蒸全蛋 1 個（建議 10 個月後再吃全蛋）

營養師
Tips

Q 需要為寶寶熬製大骨高湯補鈣嗎？

　　依據研究，平均要喝 70 碗的大骨湯才能補充相當於一杯牛奶的鈣量，因此大骨湯並不是有效的鈣質來源。研究也證實，熬大骨湯時添加醋（pH 值降到 5 以下），可增加骨頭中鈣質的溶解量，而且熬煮的時間愈久（9 小時以上）鈣質會溶解得愈多，但是含鈣量仍然偏低，並非豐富的鈣源。

　　除此之外，若是選擇遭受受重金屬污染的骨頭，反而讓寶寶健康受影響，因此媽媽們不妨試試健康的蔬菜高湯。

一日飲食建議

早餐 ➡ 水果麥片粥

早點 ➡ 母乳或配方奶

午餐 ➡ 絲瓜麵線半碗 + 豆腐蒸肉餅

午點 ➡ 麻瓜ろㄟろㄟ

晚餐 ➡ 高麗菇菇飯半碗 + 豬肝蔬菜濃湯

晚點 ➡ 母乳或配方奶

註 寶寶對於個別食材都適應良好之後，才可混合烹調。

兒科醫師 Tips

Q 寶寶吃副食品後，還要喝奶嗎？

開始餵食副食品後，究竟要喝多少母奶或配方奶才夠？這實在很難回答，因為必須根據寶寶的體重或年齡而定。一般來說，多數的寶寶在開始進食副食品後，一天之中還是可以餵食 6 次以上的母奶，當然這當中有些是小酌、有些是當作安撫奶嘴、有些是正餐。

隨著年紀的增加，餵食副食品的頻率增多，奶量會隨之減少。但寶寶有時會莫名的整天不喝奶或者是整天只喝奶而不吃副食品，所以很難定量寶寶每天應該喝多少奶，為了不讓喝奶量減少太多，母奶或是配方奶可以在餵食副食品之前給予。

（註：根據 2000 年美國臨床營養學期刊研究，6 至 8 個月大寶寶的奶量約為 619cc，9 至 11 個月約 574cc，12 至 24 個月約 514cc。當然，數字僅供參考，請依寶寶的生長和實際需求而定。）

果粒藕粉羹（一人份）

✽ 材料：藕粉 10 公克、蘋果 15
公克、西瓜 15 公克（可
以其他紅色水果替代）

✽ 做法：

❶ 將藕粉用開水調勻。

❷ 蘋果與西瓜切成小細末後加
些許水煮熟，濾掉湯汁備
用。

❸ 將藕粉倒入鍋內以小火慢慢
熬煮，邊煮邊攪拌，直至透
明為止。

❹ 最後將煮好的果粒倒入拌勻
即可食用。

豆腐蒸肉餅（一人份）

❋ 材料： 絞肉 10 公克、豆腐 50
公克、太白粉少許、紅
蘿蔔末 5 公克

❋ 做法：

① 豆腐以熱水汆燙後以紙巾吸
去多餘的水分，以湯匙壓成
泥狀。

② 絞肉以湯匙刮成細肉泥。
（或以食物攪拌機攪打）

③ 將肉泥、豆腐泥、紅蘿蔔
末、太白粉拌勻。

④ 將拌好的肉泥置入鍋中以大
火蒸約 8 分鐘即可。

寶寶的三階段副食品＆斷奶食品

第三階段 10～12個月寶寶怎麼吃？第1日參考食譜

89

10-12 個月寶寶
第 1 日
參考食譜

 親子丼（一人份）

※ 材料：軟飯 1／2 碗、洋蔥 20 公克、
紅蘿蔔 10 公克、雞肉 15 公
克、蛋 1/2 個、蔬菜高湯適
量、蔥末少許、日式和風醬
油 1 小匙

※ 做法：

① 洋蔥切成細絲；雞肉去皮、筋，
切小丁塊備用。

② 起鍋加適量高湯，加入洋蔥絲
與雞肉丁，拌炒至洋蔥熟軟。

③ 加入打散的蛋與醬油拌勻之後，
熄火前加入少許蔥末。

④ 最後將成品倒在飯上即可。

小提示

寶寶的軟飯怎麼煮？利用
生米煮成軟飯的方法為：1
杯生米加 3 杯水。若直接
用熟飯煮成軟飯的方法為：
半碗熟飯加 1 碗開水一起
蒸軟即可。

麻瓜ㄋㄟㄋㄟ（一人份）

✻ 材料：木瓜 50 公克、芝麻粉 3
　公克、嬰幼兒配方奶（或
　母乳）100c.c.

✻ 做法：

① 木瓜洗淨、去皮，再切成小
　塊備用。

② 取果汁機，倒入配方奶（或
　母乳）及木瓜塊，一起攪打
　約 5 秒。
　加入黑芝麻粉拌勻即可。

寶寶的三階段副食品&斷奶食品

第三階段 10～12 個月寶寶怎麼吃？第 1．2 日參考食譜

91

高麗菇菇飯（一人份）

❋ 材料：高麗菜 60 公克、鮮香菇 20 公克、柳松菇 20 公克、米 80 公克

❋ 做法：

1. 高麗菜及香菇洗淨、切成細末。
2. 將高麗菜末、菇末和洗好的米放入鍋中一起拌炒均勻。
3. 置於電鍋中加入 240c.c. 水（外鍋加 1 杯水）煮熟即可。

義大利麵湯（一人份）

✱ 材料：義大利麵 30 公克、蔬菜
高湯適量、無刺魚肉 20
公克、大番茄 50 公克、
鹽少許

✱ 做法：

① 義大利麵汆燙至熟後切 1 公
分長。

② 無刺魚肉切小丁。番茄底部
切十字刀汆燙後去皮、去
籽、切小塊。

③ 起鍋放入蔬菜高湯煮開，將
魚肉丁、番茄丁放入熬煮。

④ 最後加入義大利麵與鹽調味
即可。

寶寶的三階段副食品＆斷奶食品

第三階段 10～12 個月寶寶怎麼吃？第 2 日參考食譜

10-12 個月寶寶

第3日

參考食譜

蔬菜豆簽湯（一人份）

❋ 材料：油菜葉末20公克、豆簽20公克、胡蘿蔔末5公克、鮮香菇末5公克、蝦仁15公克、蔬菜高湯適量

❋ 做法：
1. 在蝦仁背部稍微劃一刀，用水沖去腸泥、汆燙後切小丁。
2. 取一湯鍋置入蔬菜高湯煮滾。
3. 加入豆簽、胡蘿蔔末、鮮香菇末、蝦仁丁及油菜葉末，煮至熟爛即可。

水果麥片粥（一人份）

✽ 材料：木瓜 50 公克、草莓 50
公克、香蕉 50 公克、即
溶麥片 10 公克、嬰幼兒
配方奶 150c.c.

✽ 做法：

❶ 將木瓜、香蕉洗淨、去皮、
切小丁。

❷ 草莓洗淨去蒂後切成細丁。

❸ 將即溶麥片加入配方奶攪拌
均勻待軟。

❹ 將水果丁置於麥片上即可。

小提示

若無法買到草莓可用其他
水果替代，如西瓜、蘋果、
櫻桃。

寶寶的三階段副食品＆斷奶食品

第三階段 10～12 個月寶寶怎麼吃？第 3 日參考食譜

🥄 雞肉凍（一人份）

❊ 材料：雞絞肉 20 公克、紅蘿蔔 15 公克、鳳梨汁少許、洋菜、水適量

❊ 做法：

❶ 紅蘿蔔洗淨、切細末後。

❷ 於鍋中加一杯水煮滾，加入雞絞肉與紅蘿蔔末煮至熟後備用。

❸ 取適量水加入洋菜煮至完全溶解後，以濾網過濾掉尚未溶解的洋菜。

❹ 於洋菜汁中加入雞絞肉、紅蘿蔔末及鳳梨汁攪拌後，待涼切小丁即可。

白玉絲瓜麵線（一人份）

✳ **材料**：絲瓜 50 公克、中華豆腐 50 公克、無鹽麵線 10 公克、枸杞及蔬菜些許、蔬菜高湯適量

✳ **做法**：

① 絲瓜去皮、去籽後切小丁。

② 豆腐汆燙後切小丁；將麵線切小段。

③ 取湯鍋以蔬菜高湯煮麵線、絲瓜丁及豆腐丁。

④ 待絲瓜煮軟後加入枸杞即可。

寶寶的三階段副食品＆斷奶食品

第三階段 10～12 個月寶寶怎麼吃？第 3．4 日參考食譜

🥄 牛奶花椰菜（一人份）

❊ 材料：花椰菜（取前段花朵部分）30 公克、鮮香菇 10 公克、甜椒 10 公克、嬰兒配方奶 60c.c.、地瓜粉少許

❊ 做法：

① 將花椰菜洗淨、切成小段，置入鍋中燙軟後備用。

② 香菇與甜椒洗淨切成末，置入鍋中燙熟後備用。

③ 配方奶放入鍋中以小火加熱，置入花椰菜末、香菇末及甜椒末。

④ 地瓜粉加少許水，淋在做法 ③ 上，勾薄芡即可。

小提示

將牛奶花椰菜淋在軟飯上，就是一道香濃好吃的牛奶飯喔！

飯飯蛋餅（一人份）

❋ 材料：白飯半碗、芝麻 1/2 小匙、
　　　　紅蘿蔔末 10 公克、小黃瓜末
　　　　10 公克、蛋 1/2 顆、油 1 小
　　　　匙

做法：

① 將紅蘿蔔末與小黃瓜末入鍋汆燙
　後加入芝麻與蛋液拌勻。

② 將做法 ❶ 與白飯攪拌均勻，捏
　成小圓球後略壓成扁平狀備用。

③ 起油鍋加入做法 ❷ 的材料，煎
　至半熟時轉小火，蓋上鍋蓋烘煎
　至兩面呈金黃色即可。

豬肝蔬菜濃湯（一人份）

✳ 材料：豬肝泥 20 公克、洋蔥丁 5 公克、番茄丁 10 公克、菠菜丁 10 公克、蔬菜高湯適量

✳ 做法：

❶ 洋蔥、番茄洗淨、去皮、切小丁；菠菜洗淨後切成小丁。

❷ 取一湯鍋加入適量蔬菜高湯後，加入豬肝泥、洋蔥丁及番茄丁一起燉煮至熟。

❸ 最後加入菠菜丁，略煮即可。

鮭魚餛飩湯（一人份）

❋ 材料：餛飩皮 3 張、鮭魚 20 公克、豆腐 20 公克、洋蔥末 5 公克、小白菜末 10 公克、蔬菜高湯適量

❋ 做法：

① 鮭魚燙熟，以湯匙將鮭魚及與豆腐壓成泥狀，並加入洋蔥末攪拌均勻，製成餡料。

② 取餛飩皮，將做好的餡料包進皮中由四周往中間折起即可。

③ 準備蔬菜高湯，煮開後將包好的餛飩放入鍋中煮至餛飩浮起，加入小白菜末略滾即可。

寶寶的三階段副食品＆斷奶食品

第三階段 10～12 個月寶寶怎麼吃？第 5 日參考食譜

101

🍲 三色豆包（一人份）

✳ 材料：新鮮豆包 30 公克、小黃瓜 10 公克、甜椒 10 公克、洋蔥 10 公克、油 1/2 茶匙、醬油少許

✳ 做法：

❶ 將小黃瓜、甜椒及洋蔥分別淨切成小丁，汆燙後備用。

❷ 豆包放入滾水中略汆燙，去油分後切小塊。

❸ 起油鍋將所有材料一同拌炒均勻，加入少許醬油調味即可。

第三階段副食品鈣、鐵含量表

品名	7～12 個月需要量	鈣 （毫克）	鐵 （毫克）
果粒藕粉羹	• 依據衛生福利部國民健康署之國人膳食營養素參考攝取量建議 6-12 個月寶寶鈣質建議攝取量 400mg ／天、鐵質建議攝取量 10mg ／天（兒科醫學會 11mg ／天）	7.3	0.2
豆腐蒸肉餅		71.8	1.1
親子丼		18.5	0.9
麻瓜ㄋㄟㄋㄟ		54.5	1.3
高麗菇菇飯		9	0.15
義大利麵湯		10.9	0.6
蔬菜豆簽湯		36.8	0.8
水果麥片粥	• 母乳平均提供 鐵 0.035mg/100c.c. 鈣 20-25mg/100c.c.	112.1	2.5
雞肉凍		5.1	0.2
白玉絲瓜麵線		13.3	0.9
牛奶花椰菜		40.8	0.8
飯飯蛋餅	• 市售配方奶平均提供 鐵 0.6-1mg/100c.c. 鈣 40-50mg/100c.c.	30.6	1.1
豬肝蔬菜濃湯		10.6	2.5
鮭魚餛飩湯		36.3	0.8
三色豆包		25.2	1.5

1～2歲學步兒怎麼吃？

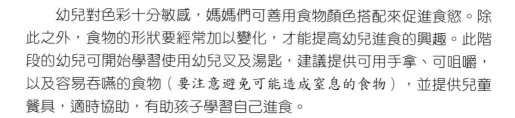

幼兒對色彩十分敏感，媽媽們可善用食物顏色搭配來促進食慾。除此之外，食物的形狀要經常加以變化，才能提高幼兒進食的興趣。此階段的幼兒可開始學習使用幼兒叉及湯匙，建議提供可用手拿、可咀嚼，以及容易吞嚥的食物（要注意避免可能造成窒息的食物），並提供兒童餐具，適時協助，有助孩子學習自己進食。

四季可運用食材舉例

春天
代表食材

胡蘿蔔、青椒、竹筍、箭筍、山藥、玉米、芥菜、米、苦瓜、甘藷葉、茄子、甘蔗、毛豆、香菇、杏鮑菇、秀珍菇、枇杷、草莓、蓮霧、香蕉、奇異果、草莓、紅目鰱、泰國蝦、虱目魚、文蛤、秋刀魚、白帶魚、海鱺、旗魚等

夏天
代表食材

黑木耳、冬瓜、龍眼、竹筍、苦瓜、絲瓜、金針、杏鮑菇、山蘇、花生、梨子、洋香瓜、水蜜桃、西瓜、鳳梨、荔枝、芭樂、芒果、火龍果、酪梨、檸檬、葡萄、李、百香果、黑鮪魚、草魚、草蝦、黑鯛、旗魚等

秋天
代表食材

芋頭、蓮藕、南瓜、菱角、韭菜、甜椒、花椰菜、青花菜、甘藍、牛蒡、木瓜、文旦柚、蘋果、柑橘、柿子、百香果、楊桃、黃魚、鮪魚、草蝦、吳郭魚、石斑魚、旗魚等

冬天
代表食材

高麗菜、白蘿蔔、玉米、大白菜、番茄、馬鈴薯、茼蒿、洋蔥、茄子、菠菜、油菜、紅豆、柳橙、椪柑、蓮霧、釋迦、枇杷、草莓、蜜棗、吳郭魚、香魚、黃魚、白帶魚、草魚、石斑魚、烏魚等

資料來源：行政院農業委員會 農漁生產地圖
http://kmweb.coa.gov.tw/jigsaw2010/Index.aspx

幼兒一日飲食建議表

食物種類 / 年齡	1-3 歲	
	活動稍低 1150 大卡	活動適度 1350 大卡
乳品類（杯）	2	2
全穀根莖類（碗）	1.5	2
蔬菜類（碟）	2	2
水果類（分）	2	2
豆魚肉蛋類（分）	2	3
油脂與堅果種子類（分）	4	4

份量說明

- 水果 1 份（購買量）= 柳丁 170 公克 = 木瓜 190 公克 = 水蜜桃 150 公克 = 葡萄 130 公克 = 奇異果 125 公克 = 香蕉 95 公克
- 全穀根莖類 1 碗（一般家庭用碗）= 米飯 1 碗 = 麵條 2 碗 = 麥片 80 公克 = 小地瓜 2 個（220 公克）= 馬鈴薯 2 個（360 公克）= 全麥饅頭或土司 1 又 1/3 個（100 公克）
- 豆魚肉蛋類 1 份（可食生重）= 無糖豆漿 1 杯（260c.c.）= 傳統豆腐 80 公克 = 小方豆干 40 公克 = 魚 35 公克 = 蝦仁 30 公克 = 雞肉 30 公克 = 里肌肉 35 公克 = 蛋 1 顆
- 油脂與堅果種子類 1 份 = 各種烹調用油 1 茶匙（5 公克）= 芝麻 8 公克 = 腰果、花生 8 公克 = 杏仁果、核桃仁 7 公克

1 ～ 2 歲幼兒飲食建議

- 活動量稍低：生活中常做輕度活動，如坐著畫畫、聽故事、不太激烈的動態活動，如：玩蹺蹺板或走路。
- 活動量適度：生活中常做中度活動，如遊戲、帶動唱，一天約 1 小時較激烈的動態活動，如玩球、爬上爬下或跑來跑去的活動。
- 2 歲以下兒童不建議飲用低脂或脫脂乳品。

  （資料來源：衛生福利部 幼兒期營養 101.7）

糖片麵包棒
（一人份‧適用 1 歲以上）

❋ 材料：吐司 1 片、無鹽奶油 5
公克、砂糖適量

❋ 做法：

① 將吐司片切成細條狀。
② 先將烤箱預熱至 180℃，再放入土司片，烤至其表面呈略黃時取出。
③ 將做法 ❷ 的吐司條塗上奶油，並均勻撒上砂糖，再放入烤箱以 220℃續烤 3 分鐘即可。

地瓜香蕉捲（一人份・適用 1 歲以上）

✽ 材料：地瓜 50 公克、香蕉 1/2 根、
　　　　吐司 1 片

✽ 做法：

① 地瓜去皮切小塊，放入鍋中
　蒸軟，以湯匙壓成泥狀。

② 吐司去邊，鋪上保鮮膜，用
　手將吐司稍微壓平一點。

③ 拿掉保鮮膜，在吐司上塗抹
　一層地瓜泥。

④ 放入香蕉後捲起來，對半切
　即可。

🥄 原味牛奶棒（一人份・適用 2 歲以上）

❋ 材料：無鹽奶油 25 公克、奶粉 25 公克、全蛋 1/2 顆、牛奶 10c.c.、中筋麵粉 120 公克、鹽 1 公克、糖粉 15 公克、泡打粉 1 公克

❋ 做法：

① 將奶油置於室溫中待其自然軟化。

② 取一深鍋將所有的材料一起置入揉勻成糰後，裝入塑膠袋中，再將麵糰均勻壓平（可用擀麵棒輔助）。

③ 將麵糰放入冰箱中冰 30 ～ 40 分鐘。

④ 將冰好的麵糰，切成 1 公分的條狀，放入烤盤中，以上火 170℃、下火 150℃，烘烤約 25 ～ 30 分鐘即可。

小提示

可視家中烤箱的功率來調整烘烤的時間。

山藥三明治（一人份・適用 2 歲以上）

✳ 材料：山藥 50 公克、水煮蛋 1/4 顆、小黃瓜 10 公克、甜椒 10 公克、玉米粒 5 公克、無餡小餐包 1 顆、沙拉醬 1 小匙

做法：

❶ 將山藥洗淨、去皮、切塊，放入電鍋中蒸熟後，以湯匙壓成泥狀。

❷ 小黃瓜、甜椒汆燙後與水煮蛋一同切成細末。

❸ 將做法 ❶、❷ 的材料與玉米粒及沙拉醬一起拌勻。

❹ 小餐包從中間挖空，將調好的山藥沙拉填入即可。

地瓜薏仁粥（一人份・適用 1 歲以上）

❋ 材料：薏仁 10 公克、地瓜 50
公克、水適量

❋ 做法：

❶ 薏仁洗淨後浸泡於冷水中約
1 小時，撈出瀝乾水分。

❷ 地瓜去皮後洗淨，切丁備
用。

❸ 取一湯鍋，加入薏仁及適量
水，煮至滾沸後改小火，蓋
上鍋蓋燜煮約 15 分鐘。

❹ 加入地瓜丁續煮約 10 分鐘
至軟即可。

鮮菇燉飯（一人份‧適用 1 歲以上）

材料：鴻禧菇 15 公克、雪白菇
10 公克、洋蔥末 3 公克、
白飯 1/3 碗、牛奶 50c.c.、
油 2 公克、鹽少許

做法：

1. 鴻禧菇與雪白菇洗淨、瀝乾
   水份、切成小丁。

2. 熱鍋倒入少許油燒熱，放入
   菇末及洋蔥末以小火炒香。

3. 於鍋中加入白飯和牛奶拌
   勻，續煮約 3 分鐘後加鹽拌
   勻即可。

可練習
咀嚼
的固體食物

蜜瓜優格沙拉
（一人份・適用 1 歲以上）

❋ 材料：水蜜桃 100 公克、哈密
瓜 80 公克、蘋果 80 公
克、優酪乳 30c.c.

❋ 做法：
① 將所有水果洗淨、去皮、切
小丁。
② 淋上優酪乳即可。

果律蝦球
（一人份・適用 2 歲以上）

✳ 材料：蝦仁 30 公克、奇異果
　　　40 公克、鳳梨 45 公克、
　　　沙拉醬 5 公克

✳ 做法：

❶ 蝦仁洗淨擦乾水分，從背
部剖開去腸泥，切對半後入
鍋汆燙備用。

❷ 奇異果與鳳梨去皮、切丁，
與蝦球一起混合，拌入沙拉
醬即可。

雙色起司球（一人份．適用 1 歲以上）

✽ 材料：紅蘿蔔 15 公克、青豆仁 10 公克、起司粉 1
　　　 大匙、沙拉醬 1 小匙
✽ 做法：
① 將紅蘿蔔洗淨、切塊，放入鍋中燙軟後切成末。
② 青豆仁汆燙去膜後以湯匙壓成泥狀。
③ 將起司粉、沙拉醬分別與青豆泥與紅蘿蔔末一
　 同拌勻。
④ 用虎口捏成一口大小的丸子即可。

紅蘿蔔丸子（一人份‧適用 1 歲以上）

❋ 材料：紅蘿蔔 50 公克、馬鈴薯 100 公克、玉米粉 5 公克

❋ 做法：

① 將紅蘿蔔、馬鈴薯洗淨、切片後，放入蒸籠（或電鍋）裡蒸軟取出。

② 將紅蘿蔔取部分切成細丁狀備用；其餘壓成泥狀；馬鈴薯片壓成泥狀。

③ 紅蘿蔔泥加入馬鈴薯泥、玉米粉一起混合攪拌均勻後，用手搓成圓球狀。

④ 於生丸子外層沾裹紅蘿蔔細丁，最後放入蒸籠（或電鍋）裡蒸約 15 ～ 20 分鐘至熟即可。

鮮湯貓耳朵（一人份・適用 2 歲以上）

❋ 材料：中筋麵粉 50 公克、鹽 0.5 公克、冷水 25c.c.、小白菜末 15 公克、蔬菜高湯適量、芹菜末 5 公克

❋ 做法：

① 將麵粉中間撥開一個凹槽，加入鹽，並將冷水慢慢倒入、拌勻。

② 用手揉勻約 3 分鐘至成糰，再用保鮮膜蓋好，以防止表皮乾硬，靜置發酵約 5 分鐘。

③ 再將發酵過的麵糰，再度揉至表面光滑即可，搓成長條狀。

④ 之後再分成每個重約 4 公克的小麵糰，再用拇指壓成貓耳朵狀。

⑤ 將貓耳朵放入鍋中，水滾後轉小火煮約 3 分鐘後撈起裝碗。

⑥ 取適量蔬菜高湯煮至水滾，放入貓耳朵、小白菜與芹菜末即可。

小提示

可將汆燙好的貓耳朵拌入醬油 1 茶匙、蠔油 1/2 茶匙、白醋 1/2 茶匙、細砂糖 1/2 茶匙、開水 1 茶匙即成醬拌貓耳朵。

咖哩通心麵（一人份・適用 2 歲以上）

✽ 材料：通心麵 50 公克、豬絞肉 30
公克、四季豆 15 公克、洋蔥
10 公克、奶油 1 小匙、咖哩
粉 1 小匙、高湯適量

✽ 做法：

1 四季豆洗淨，去蒂後切小段；
洋蔥去皮、洗淨、切丁。

2 將通心麵加入滾水中，加入少
許鹽，以大火煮至約 5 分鐘熟後
撈出，瀝乾水分。

3 將奶油放入鍋中燒溶，加入豬
絞肉及洋蔥丁以中火炒出香味，
再加入咖哩粉與處理好的四季豆
炒勻。

4 最後加入高湯與通心麵以大火
拌炒至湯汁收乾即可。

117

第 **3** 章

對症的
寶寶營養副食品

厭奶
照顧注意事項、飲食對策

照顧注意事項

有些寶寶在 3～4 個月大時會有厭食的現象，因為此時的主食是母奶或配方奶，所以稱為厭奶。

厭奶寶寶首先要先觀察有無生病的現象，如發燒、咳嗽、腹瀉或動力降低等。如果已排除生病的可能性，同時不影響生長曲線，可以不管它。

若只影響體重而不影響身高的生長曲線，同時活動力好，可以不去處理厭奶的問題，只需繼續追蹤後續進食量和體重的變化，若日後體重仍可以沿著新的體重百分位區間成長，仍屬正常；若進食量減少太多，已使生長曲線下降到正常範圍以外，就需就醫。

3、4 個月大以後的寶寶好奇心重，容易分心，所以周遭若有聲音或有人走動，很容易將他吸引過去。所以餵奶時，應把他帶進安靜的房間，燈光昏暗，讓他專心喝奶。

飲食對策

1 歲以前不管是母奶或配方奶，都是寶寶的主食，不可以因為寶寶厭奶而用副食品取代。對於厭奶的寶寶可利用副食品的變化，將原本只能躺著喝的ㄋㄟㄋㄟ變身為可以用湯匙吃的果凍或奶昔，讓寶寶增加吃東西的樂趣也能吃的到ㄋㄟㄋㄟ的營養唷！

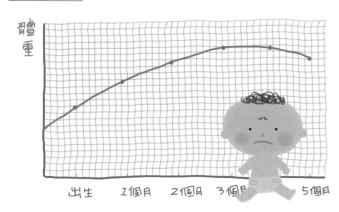

厭奶若影響生長則需就醫。

120

發燒胃口不佳
照顧注意事項、飲食對策

照顧注意事項

由於嬰幼兒體溫調節功能尚未發展成熟，很容易體溫過高。當寶寶身體很燙，首先要排除非生病的因素（如運動、穿太多衣物），再來讓寶寶休息 15 至 30 分鐘，並減少穿著後再量體溫。

當確定是因生病而發燒，應冷靜觀察寶寶的活動力。活動力不佳時，即使是輕微的發燒也要儘快送醫；反之，活動力尚可，精神還不錯，即使高燒也不需太過驚慌，但仍須送醫查明發燒的原因。請注意，3 個月以下的嬰兒因免疫系統尚未成熟，萬一受到感染而發燒，病程往往變化很快，一定要立即診治。

發燒、喉嚨發炎、鼻塞都會讓寶寶的食慾降低，只要病情改善，寶寶自然就會多吃一點，千萬不要過度逼食。不過若有發燒，父母應注意水份補充，以防止高溫造成的身體不適或脫水。許多父母喜歡讓感冒寶寶喝運動飲料，但市售的運動飲料含鈉量太高，會增加腎臟的負擔，不宜給年幼的寶寶直接飲用。

感冒時，喉嚨多會紅腫，以致引起吞食痛，尤其是當進食固體食物或溫度較高的液體時，更容易產生不適，所以食物應稍微涼一些、稍微軟一些，以增加進食意願。

飲食對策

感冒時寶寶容易有吞食困難的狀況發生，因此給予容易吞嚥的粥品或麵線可以增加寶寶的食慾。

照顧注意事項

　　6 個月大後，寶寶因為身體來自母親的抗體已逐漸消失、再加上長牙時，為了減緩牙齦不適，寶寶喜歡咬東西，同時常常將手放入口中，所以得到腸胃炎的機會就會增加。

　　一般典型急性腸胃炎的症狀為突如其來的嘔吐、接著發燒，過了半天後，開始腹瀉，但嘔吐的症狀通常不會超過 3 天，發燒也是，但腹瀉持續的時間則因病因或後續的處理有關。

　　若寶寶吵著要喝水，可以用棉花棒沾水潤濕口腔，大寶寶則可以給予棒棒糖，刺激口水分泌。當症狀改善，再給予多次少量電解質液（萬不得已可用運動飲料代替，但若同時合併腹瀉，應將運動飲料稀釋再喝），若無明顯噁心、嘔吐、腹脹，可再給予稀飯、白吐司等清淡食物，但應避免奶製品、油膩飲食 2 到 3 天。

　　若是急性腸胃炎引起的腹瀉，可以暫時將配方奶濃度稀釋，較大的嬰幼兒可用米湯泡配方奶，或給予稀飯、乾飯、白吐司、饅頭等清淡食物。餵母奶的寶寶則應繼續餵食母奶。若大便出現酸味，寶寶可能有醣類消化吸收不良的問題，請與小兒科醫師討論適當的飲食。

飲食對策

　　寶寶腸胃炎時需供應清淡的飲食，除了稀飯以外也可以多一些變化，而蘋果與白木耳等含有果膠可以吸附水分、刺激腸道蠕動，因此當寶寶恢復進食時可以適量供應。

照顧注意事項

　　如果寶寶有排便困難或者排出一顆一顆的硬大便，就可以被認定是便秘。便秘在嬰幼兒是很常見的問題，可以是單純的急性便秘，也可以是頑固難治的習慣性便秘。一般說來，增加水分、高醣或高纖維的食物（如鳳梨、木瓜）攝取，將使排便次數增加、而且質地變軟；高脂、高蛋白飲食，則較會便秘，所以鼓勵

鼓勵寶寶多吃蔬果可改善便秘。

寶寶多吃蔬菜、水果（新生兒可用葡萄糖水、6個月以上可加嬰兒果汁、黑棗汁），如果餵食配方奶的嬰兒發生便秘的情形，可以改用蛋白質含量較低的嬰兒配方，而1歲大以上的孩子，可以嘗試蜂蜜，效果都不錯。

　　對於嚴重便秘的患童，嬰兒可暫時用肛溫計沾凡士林，深入肛門內二公分的地方刺激，大小孩可用灌腸以刺激排便，但最好不要常常使用，以免造成依賴性。對於一些慢性便秘合併腹痛的幼童，必要時可由醫師給予適當藥物幫忙，以改善長期便秘的情形。

飲食對策

　　選擇纖維質多的食材，像是香蕉、地瓜、小黃瓜、紅豆和番茄等，都是可以幫助寶寶腸胃蠕動，但是別忘了水分的補充對排便也是很重要的喔！

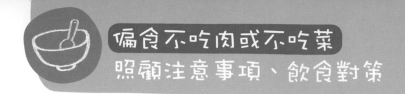

偏食不吃肉或不吃菜
照顧注意事項、飲食對策

　　挑食寶寶會因食物特殊的口味、氣味、質地、溫度或外觀而持續拒絕食用特定食物，而且這類型寶寶還會有一些感官特別敏感的狀況，例如，無法忍受噪音、無法忍受手腳上的髒污，無法忍受衣服上的標籤、不肯赤腳走在沙地或草地上。甚至有些寶寶會因為討厭某一類食物進而相類似的食物也不喜歡。

　　挑食的結果，會使得維生素、鐵、鋅的攝取不足，連帶的影響口腔咀嚼功能。有學者推測，這類型寶寶的味蕾可能有所不同，較早的研究也發現，挑食的行為與遺傳和餵食經驗、環境有關。如果在 1 歲以前寶寶接觸的食物種類不多，或父母、兄姐也是挑食者，則日後變成挑食者的機會大增。為了要讓挑食寶寶接受父母準備的食物，建議：

❶ 對於先前排斥的食物先只給一點點。

❷ 至少嘗試 10 到 15 次，反覆的給予該食物。

❸ 試著將排斥的食物放在眼前，而不是急著餵他，有時寶寶較願意接受他主動選擇的新食物。1 至 2 歲寶寶的特性就是父母叫他吃什麼，他的口頭禪就是「我不要！」。

❹ 父母必須營造良好的用餐氣氛，必須等到寶寶不害怕之後，再提供該種食物。

❺ 如果提供的食物會造成寶寶噁心，就應該把該食物拿開，同時給予寶寶較喜歡的食物。

❻ 將少量新食物混在之前已接受的食物中，等到寶寶接受後，再增加比例。

❼ 父母必須保持中立態度，不批評食物的好壞，保持輕鬆的心情來面對寶寶的食慾。

❽ 父母在寶寶面前吃新食物，以身作則，偶而可以提起所吃的食物非常美味。

對於準備食物方面，父母可以

- 改變食物的外觀：有形變無形〔切碎、變成泥、蔬果打成果汁加上蜂蜜冰糖、以模型切割方式改變形狀〕。
- 改變烹調方式：同樣的蔬菜、肉可以利用不同的烹調方式做出不一樣的口感，注意色香味的搭配。
- 障眼法：可購買可愛餐盤增加寶寶進食時樂趣，將蔬菜剁碎包入餃子、包子、珍珠丸子中、把青菜、肉與其喜歡的食物一起煮，餵食時，將喜歡的食物放在上方，不喜歡的食物埋在下方。
- 藉力使力：利用寶寶喜歡的故事人物或動物編成故事引誘寶寶吃。

飲食對策

寶寶偏食往往是因為顏色或味道不吸引他，建議媽媽可以將寶寶不喜歡吃或有特殊氣味的蔬菜與其他食物混合，並且由少量開始供應，在逐漸增加，也可以將這些材料裝飾成可愛的圖案或編成有趣的故事來增加寶寶的接受度。還有一定要記得不可以強迫餵食，否則下次要寶寶接受可就更難囉！大一點的寶寶可以讓他跟媽媽一啟動手做（例如：捏飯糰），這樣也可以增加寶寶進食的興趣唷！

改變食物的外觀也可以吸引孩子進食。

照顧注意事項

　　每個寶寶乳牙冒出的年齡、長牙順序不盡相同，同時也與飲食無關。有些寶寶在 3 個月大時就已冒牙，有些則晚至 1 歲。一般而言，大部分的寶寶在 1 歲之前都會長出第一顆乳牙，若超過 1 歲還未發現乳牙長出，可以帶去兒童牙科進一步檢查。 長牙的寶寶可能會出現以下症狀，通常一週左右：

1 流口水，口水疹
2 牙齦腫脹、敏感
3 躁動或脹氣
4 喜歡咬東西
5 拒食
6 睡眠障礙

　　寶寶在長牙時，牙齦會腫脹，寶寶此時會想要啃或咬硬的東西，此時給予半硬質、容易咀嚼、遇口水即化的食物，抵消長牙的痛，但注意不可以給太大塊，以免噎住。這類食物包括寶寶牙餅，寶寶牙餅是特別為長牙寶寶設計的餅乾。這些餅乾質地堅硬，但經過口水後會軟化，散成許多小塊，當寶寶在咬牙餅時，它們可以抵銷長牙時牙齦的壓力，同時安全無虞。

　　另外，父母也可以給予寶寶冰的固齒器、輕輕的按摩寶寶牙床、會用乾淨的冰毛巾讓寶寶啃。進食食物如果是冰涼的，也有止痛的作用。

「飲食對策」

　　寶寶因為長牙的關係而喜歡亂咬東西，所以這時期可視寶寶的發育狀況，為寶寶添加一些比較軟的食物，鍛煉他的舌頭上下活動，能用舌頭和上顎碾碎食物的能力，如：麥片粥。

　　當寶寶長出更多牙齒時，則為寶寶選擇一些能用牙床磨碎的食物。讓他練習舌頭左右活動，能用牙床咀嚼食物的能力，如：吐司邊。另外，若是寶寶因為牙齦不適而減少進食或哭鬧，則可提供營養密度較高且容易咀嚼吞食的食物，例如：麵食或燉飯等。

父母可根據孩子長牙的
狀況來提供不同的食物。

水果奶昔（一人份‧適用 7 個月以上）

✱ 材料：草莓 15 公克（可用香蕉、芒果或哈密瓜等代替）、蘋果 20 公克、木瓜 30 公克、嬰兒麥粉 5 公克、嬰幼兒配方奶或母乳 80c.c.

✱ 做法：
1. 草莓洗淨去蒂；蘋果及木瓜洗淨、削皮、切細丁。
2. 將所有材料一起放入果汁機中打均即可。

杏仁奶凍（一人分‧適用 10 個月以上）

❋材料：1. 洋菜粉 1 公克、原味
果凍粉 1 公克
2. 嬰幼兒配方奶或母乳
100c.c.、水 50 公克、
杏仁粉 3 公克

❋做法：

① 將洋菜粉與果凍粉拌勻。

② 把奶、水放入鋼盆中，加入
做法 ❶ 的材料，用小火煮
至略滾，熄火後加入杏仁粉
拌勻。

③ 以濾網過濾後再倒入模型杯
中，待冷卻放入冰箱冷藏即
可。

原味鮮奶酪（一人份・適用 1 歲以上）

✻ 材料：吉利丁片 5 公克、鮮奶 250 公克、細砂糖 3 公克、鮮奶油 20 公克

✻ 做法：

❶ 將吉利丁以冰水泡軟後瀝乾，隔水加熱溶解備用。

❷ 將除了吉利丁外的所有材料放入鍋中混合，再以小火煮至細砂糖溶解至微溫狀態。

❸ 最後將做法 ❶ 倒入做法 ❷ 內拌勻，待涼後裝入布丁杯，再放入冰箱冷藏成型即可。

番茄起司蛋堡（一人份・適用1歲以上）

❋ 材料：蛋1顆、中型饅頭1個、
番茄片1片、起司片1
片、油適量

❋ 做法：

❶ 起油鍋，將蛋打入鍋內以小
火煎熟。

❷ 將饅頭剖開，放進電鍋內蒸
軟。

❸ 將番茄片、煎蛋和起司片放
至饅頭中間即可。

對症的寶寶營養副食品

厭奶寶寶副食品

玉米雞蓉小米粥（一人份·適用 7 個月以上）

材料：小米 20 公克、玉米胚芽 5 公克、玉米粒 1 匙、雞絞肉 15 公克、紅蘿蔔 10 公克、蛋黃一顆、水、太白粉適量

做法

1. 玉米胚芽加水浸泡，玉米粒切成末。
2. 將雞絞肉刮細後拌入少許太白粉後汆燙備用。
3. 紅蘿蔔洗淨、去皮切成末。
4. 小米略為清洗並以適量水煮滾後加入玉米胚芽以中小火煮約 30 分。
5. 之後再加入做法 2 及做法 3。
6. 煮滾後放入玉米末再打個蛋花即可。

✔ 薑絲魚肚麵線（一人份・適用 10 個月以上）

✸ 材料：無刺虱目魚 30 公克、無
　　　　鹽麵線 20 公克、小白菜
　　　　10 公克、薑絲少許

做法：
1 麵線放入沸騰的熱水中煮
　熟，切小段備用。
2 小白菜洗淨切成末。

3 取一碗水入鍋中煮開，加薑
　絲與無刺虱目魚煮熟。
4 取出薑絲再加入小白菜末及
　麵線煮開後盛起即可。

菇菇好粥到（一人份‧適用 11 個月以上）

❋ 材料：鮮香菇 15 公克、金針菇 15 公克、鮑魚菇 20 公克、豬絞肉 10 公克、水適量、米 30 公克、太白粉少許

❋ 做法：

❶ 將所有菇類洗淨，切小丁備用。

❷ 豬絞肉置入濾網中洗淨，再與太白粉拌勻備用。

❸ 取一湯鍋，加適量水，以大火煮開後加入洗淨的米，轉小火續煮 20 分鐘。再放入豬絞肉煮 10 分鐘後加入做法 ❶ 的菇菇煮滾至軟即可。

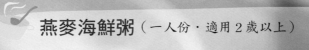
燕麥海鮮粥（一人份・適用 2 歲以上）

❋ 材料：燕麥 50 公克、鹽適量、蝦仁 15 公克、蛤蜊 2 個、花枝 20 公克、鯛魚 20 公克、芹菜末 10 公克、鹽適量

❋ 做法：

① 蝦仁洗淨抽去腸泥。蛤蜊放鹽水中吐沙。

② 花枝於內側劃上交叉刀紋後與鯛魚一同切小片。

③ 將處理過後的食材，分別入滾水中略微汆燙撈起。

④ 將所有海鮮與燕麥加適量水煮約 10 分鐘，加鹽調味，撒上芹菜末即可。

對症的寶寶營養副食品

發燒寶寶副食品

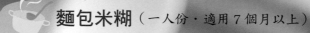

🍲 麵包米糊（一人份·適用 7 個月以上）

✳ 材料：米 1/4 杯、去邊吐司 10 公克

✳ 做法：

❶ 將米洗淨放入鍋子中，加入約 2 杯的水，以電鍋烹煮（外鍋加一杯水），待熟後稍微悶一下再打開，然後取上面的米湯備用。

❷ 吐司片切成小丁狀，放入已預熱的烤箱中，烤至乾酥且表面呈金黃色後加入米湯中即可。

 山藥蘋果粥
（一人份・適用 7 個月以上）

✱ 材料：蘋果泥 15 公克、山藥 30
　　　　公克、七倍粥 60 公克
✱ 做法：
　❶ 山藥去皮洗淨後，切成小丁狀
　　放入滾水中汆燙取出備用。
　❷ 取一湯鍋加適量水，放入山藥
　　以中火煮軟後，加入白粥與蘋
　　果泥拌勻即可。

對症的寶寶營養副食品

腸胃炎寶寶副食品

番茄銀耳粥（一人份・適用 10 個月以上）

❋ 材料：白飯 50 公克、番茄 30
公克、白木耳 2 公克、
蔬菜無油高湯適量

❋ 做法：

❶ 白木耳洗淨，泡水 10 ～ 15
分鐘後瀝乾，切小朵備用。

❷ 番茄洗淨，底部畫十字刀放
入滾水中汆燙後去皮切小
丁。

❸ 湯鍋中加入高湯煮滾後，放
入白飯和白木耳改小火煮約
10 分鐘，加入番 茄丁續煮
至軟即可。

絲瓜冬粉湯

（一人份・適用 10 個月以上）

✳ 材料：絲瓜80公克、冬粉20公克、
　　　　蔬菜無油高湯適量

✳ 做法：

❶ 絲瓜洗淨，去皮切小丁。

❷ 冬粉泡水至軟切小段，撈出瀝
　 乾水分備用。

❸ 高湯倒入鍋中煮開，加入絲瓜
　 丁以中火續煮 5 分鐘。

❹ 再加入冬粉煮 1 分鐘即可。

香蕉薯泥

（一人份・適用 7 個月以上）

❋ 材料：香蕉30公克、地瓜40公克、
　　　　玉米粒 10 公克。

❋ 做法：

1. 香蕉去皮、用湯匙搗碎，玉米粒切成末。
2. 地瓜洗淨，去皮，放入電鍋中蒸至熟軟，取出以湯匙壓成泥狀，放涼備用。
3. 將香蕉泥、地瓜泥與玉米末混合塑型即可。

綜合蔬菜燉湯
（一人份・適用 10 個月以上）

❋ 材料：馬鈴薯 30 公克、高麗菜
葉 30 公克、番茄 20 公克、
洋蔥 10 公克、蔬菜高湯
適量

❋ 做法：
① 將所有材料洗淨、切成小丁。
② 放入鍋中加入煮至熟爛即可

便秘寶寶
副食品

水果優格蝴蝶麵
（一人份‧適用 1 歲以上）

※ 材料：義大利蝴蝶麵 50 公克、鳳
梨 50 公克、奇異果 30 公
克、草莓 50 公克、優格 1
／ 3 個、橄欖油少許。

做法：

1. 蝴蝶麵放入鍋中煮熟後，放入
冰水內泡涼，撈起瀝乾。

2. 在麵裡加少許橄欖油攪拌，以
增加亮度。

3. 將水果洗淨切丁，與蝴蝶麵一
起盛盤，再淋上優格即可。

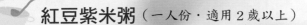

便秘寶寶
副食品

紅豆紫米粥（一人份・適用 2 歲以上）

❋ 材料：紫米 15 公克、紅豆 15 公克、圓糯米 5 公克、桂圓肉丁 5 公克、水適量、細砂糖 10 公克

❋ 做法：

❶ 前一晚先將紫米與紅豆洗淨泡水。

❷ 圓糯米洗淨瀝乾備用。

❸ 將做法 1、2 的所有材料放入鍋中，加入水煮至滾沸，攪拌一下蓋上鍋蓋，再以小火煮約 20 至 30 分鐘。

❹ 待做法 ❸ 的紫米粥煮好後，加入桂圓肉和細砂糖煮約 10 分鐘，最後再關火燜一下即可。

對症的寶寶營養副食品

便秘寶寶副食品

羅宋湯（一人份・適用 10 個月以上）

❀ 材料：牛絞肉 10 公克、馬鈴薯
30 公克、番茄 50 公克、
紅蘿蔔 10 公克、西洋芹
10 公克、蔬菜高湯適量

❀ 做法：

❶ 牛絞肉去筋汆燙備用。

❷ 番茄洗淨後切小塊放入果汁
機中打成泥狀。

❸ 西洋芹、馬鈴薯、紅蘿蔔去
皮後切小丁放入高湯中煮至
熟軟。

❹ 最後加入番茄泥及牛絞肉煮
滾即可。

鮮菇蛋捲（一人份・適用 11 個月以上）

✳ 材料：雞蛋 1 顆、杏鮑菇丁 10 公克、木耳丁 10 公克、香菇丁 10 公克、紅蘿蔔丁 10 公克、嬰幼兒配方奶 1/2 大匙、太白粉少許、油適量

✳ 做法：

❶ 嬰幼兒配方奶加入太白粉拌勻，備用。

❷ 雞蛋打散，加入所有材料拌勻。

❸ 加熱平底鍋，倒入適量油，將蛋液入鍋，以小火煎至蛋液半凝固，再摺疊捲起，將兩面煎至凝固即可。

蔬菜焗飯（一人份‧適用 1 歲以上）

✽ 材料：綠花椰菜 15 公克、紅甜
椒丁 10 公克、黃甜椒丁
10 公克、蘑菇片 10 公
克、白飯 100 公克、起
司絲 15 公克

✽ 做法：

❶ 綠花椰菜洗淨後取前段，切
成小株狀備用。

❷ 將蘑菇片、紅甜椒丁、黃甜
椒丁和綠花椰菜，放入滾水
中汆燙至熟後撈起備用。

❸ 將做法 ❷ 的材料和白飯拌
勻，盛入烤盅內，撒上起司
絲。

❹ 放入已預熱的烤箱中，烤約
5 分鐘至表面呈金黃色即可。

咖哩飯餃（一人份 · 適用 2 歲以上）

✽ 材料：白飯 40 公克、蝦仁 15 公克、韭菜末 15 公克、蔥末 5 公克、水餃皮 4 張、紅蘿蔔 15 公克、洋蔥 5 公克、馬鈴薯 30 公克

調味料：鹽與香油少許、咖哩塊 1/2 塊

✽ 做法：

① 將蝦仁去腸泥後用刀背壓成泥再燙熟，與白飯、韭菜末、蔥末及調味料一起拌勻。

② 將水餃皮用手壓薄一些，再將做法 ① 的材料包入水餃皮中，並將收口捏緊封口。

③ 將包好的飯餃放入蒸籠中，以大火蒸 10 ～ 15 分鐘後備用。

④ 紅蘿蔔、洋蔥、馬鈴薯皆洗淨、去皮、切小塊。

⑤ 起油鍋將做法 ④ 的食材炒香，加水蓋過食材煮熟，放入咖哩塊煮溶，淋在飯餃上即可。

地瓜牛奶燕麥
（一人份・適用 7 個月以上）

※ 材料：地瓜 50 公克、嬰幼兒
配方奶或母乳 120c.c.、
即溶燕麥片 10 公克

✱ 做法：

❶ 將地瓜洗淨、去皮、切塊蒸
軟後，以湯匙壓成泥狀。

❷ 將燕麥片與配方奶一同加
入地瓜泥拌勻後隔水加熱
即可。

奶油吐司邊
（一人份・適用 11 個月以上）

✻ 材料：吐司邊 4 條、無鹽奶油 3 公克
✻ 做法：

1 將奶油放至平底鍋中煮至溶化。
2 將吐司邊沾上少許奶油。
3 烤箱預熱後，再將吐司邊放在烤盤上烤 10 分鐘至酥脆即可。

雞肉牛奶燉飯（一人份·適用 11 個月以上）

❋ 材料：雞絞肉 10 公克、洋蔥 5 公克、蘑菇 10 公克、綠花椰菜 15 公克、白飯 1/4 碗、嬰幼兒配方奶 100c.c.、無鹽奶油 2 公克

❋ 做法：

① 雞絞肉汆燙備用。

② 蘑菇、洋蔥洗淨切末；花椰菜洗淨後取前段，切成小株狀備用。

③ 鍋中放入無鹽奶油，先將洋蔥末爆香後，加入配方奶、水及白飯，以中火煮至滾。

④ 最後放入蘑菇、雞絞肉及花椰菜後，以小火繼續煮 5 分鐘即可。

豆香拉麵（一人份．適用 1 歲以上）

✻ 材料：無糖豆漿 150c.c.、無油
高湯 50c.c.、拉麵 30 公
克、生香菇 15 公克、紅
蘿蔔 10 公克、傳統豆腐
40 公克、滷蛋半顆、蔥
花少許
✻ 調味料：鹽 1/2 小匙

做法：
❶ 將生香菇及紅蘿蔔洗淨切絲、
豆腐汆燙後備用。
❷ 豆漿加入高湯、香菇、紅蘿
蔔一起煮滾後，再加入豆腐
及拉麵煮熟。
❸ 調味後放上滷蛋及蔥花即可。

蔬菜三明治
（一人份・適用 1 歲以上）

✱ 材料：吐司 3 片、火腿 1 片、蛋
1 個、美生菜 40 公克、美
乃滋 10 公克

✱ 做法：

❶ 蛋洗淨放入鍋中加水煮開 15
分鐘後，除去蛋殼切片。

❷ 每片吐司塗上少許美奶滋，鋪
上美生菜、蛋、火腿，再蓋上
一片吐司。

❸ 將完成的蔬菜三明治切小塊即
可。

烤玉米飯糰
（一人份・適用1歲以上）

✻ 材料：新鮮鮭魚15公克、白飯
　　　100公克、玉米粒10公克、
　　　海苔粉1/2小匙

做法：

1 將鮭魚放入烤箱烤熟後剝碎
　備用。
2 取白飯，趁熱拌入鮭魚碎肉與
　玉米粒。
3 用手或模形捏成飯糰後放入
　烤箱中烤到略呈金黃色後灑
　上海苔粉即可。

外出
副食品

海苔起司捲
（一人份・適用 2 歲以上）

❋ 材料：全麥吐司兩片、岩燒海苔
　　　　一片、起司兩片、肉鬆 10
　　　　公克、錫箔紙適量

❋ 做法：

❶ 將吐司去邊，海苔切同吐司
　大小備用。

❷ 將海苔、起司、肉鬆放在吐
　司上面。

❸ 用錫箔紙捲起來對切即可。

水果塔 （一人份·適用2歲以上）

❊ 材料：市售塔皮2個、牛奶
30c.c.、糖8公克、蛋
1/2個、西瓜30公克、
鳳梨50公克、奇異果30
公克

❊ 做法：

❶ 西瓜、奇異果、鳳梨洗淨切
丁。

❷ 將牛奶、糖、蛋混合均勻，
以篩子過濾，即成餡料。

❸ 塔皮上先刷一層蛋黃水，分
別將餡料舀入塔皮內，置烤
盤上，用180℃的烤箱烤15
分鐘。

❹ 放涼後，在塔上面排上水果
丁裝飾。

對症的寶寶營養副食品

外出副食品

155

橙汁蛋餅（一人份·適用1歲以上）

❋ 材料：蛋1/2個、柳橙原汁75c.c.、
　　　沙拉油1/2小匙、低筋麵
　　　粉25公克

❋ 做法

❶ 將蛋攪拌均勻，再分別加入
　50c.c.柳橙原汁、沙拉油拌
　勻。

❷ 加入麵粉攪拌成均勻的麵糊，

　冷藏10分鐘。

❸ 鍋內放少許的油加熱後，舀
　入適量的麵糊，快速轉動鍋
　子即可將麵糊攤成薄片狀，
　再以小火煎至成金黃色即
　可。

❹ 將剩餘的柳橙原汁淋在薄餅
　上，即可食用。

福圓粥（一人份・適用 1 歲以上）

✳ 材料：薏仁 10 公克、龍眼乾 5 公克、紅豆 10 公克、圓糯米 10 公克

✳ 做法：

❶ 薏仁和紅豆洗淨，浸泡冷水 2 小時。

❷ 圓糯米洗淨浸泡冷水 30 分鐘。

❸ 將糯米、薏仁、紅豆加 10 倍水煮沸，慢火熬煮 30 分鐘後，加入龍眼乾，再煮 10 分鐘即可。

水果豆花（一人份‧適用 1 歲以上）

✳ 材料：市售無糖豆漿半碗、吉
利丁粉 1/2 匙、西瓜丁
80 公克、奇異果丁 30 公
克、芒果丁 50 公克

✳ 做法：

❶ 將豆漿放入鍋中以小火加熱
並不停地攪拌，直到加熱至
80℃時熄火（用掌心感應有
熱氣上升略為冒煙）。

❷ 趁熱加入吉利丁粉，充分攪
拌均勻，使吉利丁粉完全溶
解；並以濾網濾除殘渣與氣
泡。

❸ 靜置放涼後冷藏凝固，食用
前加入水果丁即可。

馬鈴薯燒賣（一人份・適用 1 歲以上）

❋ 材料：馬鈴薯 90 公克、豬絞肉 15 公克、燒賣皮 3 ～ 4 張（若用水餃皮要先壓薄一點）、鹽與香油少許

❋ 做法：

❶ 馬鈴薯洗淨、去皮、切小塊後放入鍋中蒸軟，並以湯匙壓成泥狀。

❷ 將馬鈴薯泥與豬絞肉一同攪拌均匀後調味，把內餡包入燒賣皮中，然後在封口下方稍微捏一下，讓內餡有滿出來的感覺。

❸ 置入蒸籠中，蒸籠內要墊濕布或蒸籠紙，水滾後大火蒸 8 ～ 10 分鐘即可。

對症的寶寶營養副食品

天然小點心

隨手筆記

第**4**章

奶蛋素食寶寶的三階段副食品&斷奶食品

奶蛋素寶寶怎麼吃？

　　副食品給予的基本原則，素食寶寶跟葷食寶寶並沒有什麼不同。只是父母必須先了解，越限制飲食，稍不留意，越容易造成嬰幼兒營養的缺乏和不平衡，甚至影響生長和發育。養一個素食寶寶，要特別注意提供的副食品當中是否含有足夠的熱量、蛋白質、鈣、鐵、鋅、維生素 D、維生素 B12、長鏈 ω³ 脂肪酸和適當的纖維，所以不是想給什麼就給什麼，一定要有一套完整的計劃，最好有小兒科醫師或營養師參與制定。

奶蛋素寶寶飲食注意事項

奶蛋素寶寶的飲食應多攝取下面食材：

- 蛋白質：奶類製品、蛋、豆腐和其他豆類製品、乾豆和堅果類。
- 鈣：奶類製品、深綠色葉菜類、甘藍、乾豆和鈣質強化食品如橘子汁、豆米漿和嬰兒米麥精。
- 鐵：蛋、乾豆、水果乾、全穀、綠色葉菜類，和鐵質強化的米麥精和麵包。
- 鋅：小麥胚芽堅果、乾豆和南瓜子。
- 維生素 D：配方奶、日曬乾香菇等和其他維生素 D 強化的食品。
- 維生素 B12：奶類製品、蛋、維生素強化食品如米麥精、麵包、豆漿、米漿和營養酵母。
- 長鏈 ω³ 脂肪酸：亞麻子、胡桃、芥花籽油、豆類，豆漿和 DHA 強化的食品。
- 纖維：奶蛋素寶寶通常會攝取較多的纖維，過多的纖維反而會限制熱量的攝取和降低礦物質如鈣、鐵、鋅的吸收。

另外，如果不想選用以動物性蛋白為主的牛奶蛋白嬰兒配方，則可以選擇以植物性蛋白為主的黃豆蛋白基質嬰兒配方（非指豆漿）來供全素寶寶選擇，兩者配方的營養價值並無不同。

Q 可以自製植物奶給素食寶寶喝嗎？

　　提供嬰兒的食物一定要考慮：1.整個配套食物否能提供完整且足夠的五大營養素（醣類（碳水化合物）、蛋白質、脂肪、礦物質、維生素）。2.嬰兒的身體對這食物的負荷可否承受。3.這整個配套食物的營養比例對於嬰兒長期的影響。

　　母乳與配方奶的營養成份有特定比例，符合嬰兒所需的營養，而且1歲前寶寶必須將其當主食，而植物奶因為營養不完整且比例不對，充其量只能當副食品，不能取代母乳或配方奶成為主食。

第一階段
4～6個月奶蛋素寶寶飲食建議

4～6個月寶寶發展特色

- ♥ 頭能直立
- ♥ 在高腳椅上坐的很好
- ♥ 有咀嚼動作
- ♥ 體重為出生體重兩倍
- ♥ 對食物有興趣
- ♥ 能用上唇抿嘴而非僅僅吸食
- ♥ 可以將口腔內食物由前往後送

- ♥ 可以用舌頭攪拌食物，而非將食物頂出
- ♥ 即使一天餵食8至10次或者是奶量超過1000c.c.，寶寶仍覺得饑餓
- ♥ 少數寶寶開始長牙

「4～6個月奶蛋素寶寶飲食建議」

　　1歲以前，不管是葷食寶寶還是素食寶寶，母奶或配方奶是主要的蛋白質和營養素來源。考量近來的本土病例和研究報告，台灣小兒科醫學會在2016年，建議純母乳哺育或部分母乳哺育的寶寶，從新生兒開始每天給予400 IU的口服維生素D，一直到成長後。

　　而使用配方奶的嬰兒，如果每日進食少於1,000毫升加強維生素D的配方奶，也需要每天給予400 IU的口服維生素D。維生素D的其他來源，例如加強維生素D的食物，可計入400 IU的每日最低攝取量之中。含維生素D較多的食物主要是深海魚，如鮭魚、

素食寶寶可以從濕黑木耳、
日曬乾香菇補充生素D。

164

沙丁魚、鯖魚；至於豬肝、乳酪、蛋黃則含有少量的維生素 D。素食寶寶則可從濕黑木耳、日曬乾香菇等有較多維生素 D 的食材補充。

　　4 到 6 個月大的素食寶寶副食品的選擇其實跟葷食寶寶沒什麼分別，應該先提供富含鐵的副食品（如鐵質強化的嬰兒米精，注意！不是幾倍粥喔！）如同葷食寶寶，若以母奶為主的素食寶寶，則應該額外補充鐵劑，直到開始添加適當的副食品為止。

小提示　由於維生素 B12 的來源只存在於動物性食品中，所以完全不食用動物性食品，如奶類或蛋類的純素食者，有缺乏維生素 B12 的危險。所以如果純素食母親本身沒有額外補充維生素 B12，或者母親沒有吃富含維生素 B12 的奶蛋類，那麼喝母奶的素食寶寶應該補充維生素 B12。

維生素 D 食物來源

食物來源	維生素 D 含量
鮭魚（野生）3.5 盎司（約 100 克）	600～1000 國際單位維生素 D3
鮭魚（飼養）3.5 盎司	100～250 國際單位維生素 D3 或 D2
鮭魚（罐頭）3.5 盎司	300～600 國際單位維生素 D3
沙丁魚（罐頭）3.5 盎司	300 國際單位維生素 D3
鯖魚（罐頭）3.5 盎司	250 國際單位維生素 D3
鮪魚（罐頭）3.6 盎司	230 國際單位維生素 D3
魚肝油（一茶匙、5cc）	400～1000 國際單位維生素 D3
蛋黃	20 國際單位維生素 D3 或 D2
香菇（新鮮）3.5 盎司	100 國際單位維生素 D2
香菇（日曬乾燥）3.5 盎司	1600 國際單位維生素 D2

參考資料：Nutrition Journal 2010,9：65
註：日曬後乾香菇雖然食用重量較新鮮香菇輕，但維生素 D 含量換算後仍高於新鮮香菇。

4～6個月寶寶建議食譜

烹調方面，最好是要餵食之前再製備。媽媽可以多利用一些方便製作的食物，例如：高麗菜、胡蘿蔔、木瓜、冬瓜、蘋果等容易保存且家人常吃的蔬果製作成蔬菜汁泥或稀釋果汁泥等。

若要一次大量製備的話，容易在重複加熱的過程中，造成污染，且反覆加熱也會加速破壞營養素。但若是真的無法當天製作的話，可以利用家中常用的保鮮盒、製冰盒或母乳袋等分成小等分、加蓋密封，預防污染。

4～6個月寶寶每日副食品建議量

全穀根莖類（米糊或麥糊）3／4～1碗 ➕ 蔬菜汁1～2茶匙

 註
- 1湯匙＝15公克＝3茶匙
- 全穀根莖類1份相當於稀飯或麵條1/2碗、吐司麵包1/2片、中型饅頭1/3個、飯1/4碗或米（麥）粉4湯匙。

營養師
Tips
Q 全素或奶蛋素寶寶易缺乏哪些營養？

一般而言，奶素及蛋奶素者並不必擔心營養缺乏問題，因為有了奶類、蛋類在食物中，就可以攝取適量的鈣與維生素D（在奶類食物中）、維生素B12（在動物製品或強化植物製品中）以及蛋白質；長期素食的寶寶，最可能需注意的營養素缺乏包括有：維生素B12、銅、鈣、鐵、鋅及維生素D3等，因此建議一定需全素的寶寶可以請教醫師或營養師給予適當的建議。另外，各大醫院均設有營養諮詢門診，需要的媽媽可以就近洽詢，若是有固定醫院回診的寶寶可以直接請醫師轉介營養師即可。

一日飲食建議

06：00 ➡ 母乳或配方奶

10：00 ➡ 米粉 1 ～ 2 湯匙 + 母乳或配方奶

14：00 ➡ 母乳或配方奶

18：00 ➡ 蔬菜湯或果泥 1 ～ 2 湯匙 + 母乳或配方奶

22：00 ➡ 母乳或配方奶

02：00 ➡ 母乳或配方奶（視寶寶狀況餵食）

營養師
小提醒

🍐 每吃一種新的食物時，應注意寶寶的糞便及皮膚狀況，若餵食 3 至 7 天後沒有不良反應，如：腹瀉、嘔吐、皮膚潮紅或出疹等，才可換另一種新的食物。

🍐 本單元介紹的果汁、米湯、蔬菜湯，若寶寶適應良好，都可以逐日增加濃度喔，若以母奶為主的寶寶，請注意鐵質的補充。

4 ～ 6 個月奶蛋素寶寶食譜

此階段與葷食寶寶無差異（請參照 P58 ～ 63）

第二階段
7～9個月奶蛋素寶寶飲食建議

7～9個月寶寶發展特色

- ♥ 頭能直立
- ♥ 在高腳椅上坐的很好
- ♥ 有咀嚼動作
- ♥ 對食物有興趣
- ♥ 能用上唇抿嘴而非僅僅吸食
- ♥ 可以將口腔內食物由前往後送
- ♥ 可以用舌頭攪拌食物,而非將食物頂出

- ♥ 即使一天餵食 8 至 10 次或者是奶量超過 1000c.c.,寶寶仍覺得饑餓
- ♥ 多數寶寶開始長牙
- ♥ 8 個月大時,更能靈活的運用舌頭攪伴食物、咀嚼,能夠將東西一手交換至另一手
- ♥ 9 個月大時能夠拇指和食指夾取食物
- ♥ 什麼東西都往嘴巴裡放

「7～9個月奶蛋素寶寶飲食建議」

　　奶蛋素寶寶與葷食寶寶的飲食在 7 個月開始之後最大的不同就在於一個不能吃肉,只可以吃蛋,而另一個肉、蛋都可以吃。

　　由於動物性食品可以提供完整且高品質的蛋白質(因為它們含有九種必需胺基酸),而單一植物性食品通常會缺乏一種或多種的必需胺基酸,所以素食寶寶的食物來源必須多元化,而奶、蛋、豆類食品是很好的蛋白質來源。

　　另一個需要考量的是鐵質的吸收,

葡萄乾、紅棗、黑棗,都是很好的鐵質來源。

來源是肉的鐵比來源是植物的鐵容易吸收，而植物性來源的鐵又容易受到飲食中其它營養素及物質的影響，如全穀類、豆類、核果類和種子。這些食物中含有植酸，會大幅降低鐵質的吸收，但可以利用發酵或烘培的過程當中讓植酸被水解來改善吸收的問題；另外，適量的添加維生素C可以改善穀類中植酸抑制鐵質吸收的效果，75毫克的維生素C可以使鐵的吸收率上升3至4倍。所以我們建議每一餐的飲食當中可以給予富含維生素C的食物來加強對鐵質的吸收，富含維生素C的食物，包括柑橘、草莓、花椰菜、番茄等。

乾豆類及蔬菜則是植物中鐵質的最佳來源，其次如葡萄乾、紅棗、黑棗、綠葉蔬菜、全穀類等。（各類食物鐵含量請見P32）

營養師
Tips

Q 該怎麼為奶蛋素寶寶補鐵及蛋白質？

建議奶蛋素素寶寶採用多樣化植物蛋白質攝取，以得到食物互補作用，其中主要的植物蛋白質本來源可包括：黃豆及其製品、麵製品、穀類、核桃與堅果種子類、乾豆類等。

鐵質部分，乾豆類及蔬菜則是植物中鐵質的最佳來源，其次如葡萄乾、紅棗、黑棗、綠葉蔬菜、全穀類等（各類食物鐵含量請見P32）。由於動物性來源的鐵質在人體內生物利用率較高，植物性則偏低，因此素食寶寶要確保吃下肚的鐵能充分被吸收，可以仰賴水果中富含的維生素C，來幫住鐵質吸收。

「7～9個月寶寶建議食譜」

選擇食材的部分，特別注意的是要新鮮並且無污染的，以蔬菜水果而言，盡量選擇當季出產且容易處理的種類，果實或菜葉要飽滿及肥厚者，另外，要記得蔬菜在製作前一定要先煮熟千萬不可給寶寶吃生菜汁否則容易受到感染。

市售的一般果汁並不適合小小孩喝吃，一來大多不是真正的百分百純果汁，而且所含的大量糖分，不但會讓寶寶累積多餘的脂肪，也可能

造成腹瀉、脹氣或是蛀牙。在這個階段媽媽有時候會發現寶寶的胃口變差，是因為此時寶寶的成長速度逐漸平緩，且對外界的好奇心增強所致，只要注意一些技巧，寶寶就會表現很好了！

7～9 個月奶蛋素寶寶每日副食品建議量

全穀根莖類 2～3 份⊕蔬菜泥 1～2 湯匙⊕水果泥 1～2 湯匙⊕豆蛋類 0.5～1 份

註
- 1 湯匙 =15 公克 =3 茶匙
- 全穀根莖類 1 份相當於稀飯或麵條 1/2 碗、吐司麵包 1/2 片、中型饅頭 1/3 個、飯 1/4 碗或米（麥）粉 4 湯匙。
- 豆蛋類 1 份相當於蛋黃泥 2 個（每日不建議吃超過 1 個蛋黃）、豆腐半盒、無糖豆漿 240c.c.、蒸全蛋 1 個（建議 10 個月後再吃全蛋）

一日飲食建議

06：00 ➡ 葡萄奶糊半碗 + 母乳或配方奶
10：00 ➡ 母乳或配方奶
12：00 ➡ 洋芋豌豆奶泥
14：00 ➡ 母乳或配方奶
18：00 ➡ 花椰菜吐司濃湯
21：00 ➡ 母乳或配方奶

營養師小提醒

可從 7 個月的建議食譜開始供應，當寶寶都適應後可以逐漸變換食譜，且每項食材都要單獨讓寶寶試過沒問題後，才可混在一起烹調，逐日改變菜單。若是之前嘗試過且寶接受度良好，可以重複供應，媽媽可視寶寶的進食狀況調整食譜，例如 9 個月大的寶寶也可以吃 7 個月的建議食譜，但建議調整質地，原本是糊狀可以改成泥狀或顆粒狀。

兒科醫師
Tips

Q 成長中的寶寶適合吃全素或奶蛋素嗎？

　　如果飲食計畫是完整（與專家討論過）而且各類食材沒有刻意被限制，不管是全素或蛋奶素寶寶都可以得到足夠的營養，生長發育會正常；相反的，如果是沒有計畫的素食或嚴格的限制食材種類或偏重某一類，就會影響到素食寶寶的成長與發育，因為嬰幼兒對生長發育的營養需求遠比大人多的多。

兒科醫師
Tips

Q 缺乏維生素 B_{12} 對寶寶有什麼影響？

　　維生素 B_{12} 缺乏會造成貧血、和神經功能障礙，如走路不穩、肌肉無力、失禁、低血壓、眼睛功能變差、癡呆、焦躁不安和情緒障礙、記憶力減退，故全素的寶寶應該補充維生素 B_{12}。

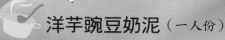 洋芋豌豆奶泥（一人份）

材料：馬鈴薯30克、豌豆10克、
配方奶或母乳 100c.c.

做法：

❶ 馬鈴薯洗淨去皮、切小丁。
豌豆洗淨。

❷ 將馬鈴薯與豌豆一起放入電
鍋中，以外鍋 1 杯水蒸熟。

❸ 將煮軟的馬鈴薯與豌豆撈置
入碗中以湯匙壓成泥狀，將
豌豆皮去除。

❹ 在馬鈴薯豆泥中加入配方奶
或母乳拌勻即可。

小提示

製作較大量的泥狀食物時
還可放入搗缽中搗成泥
狀，或以攪拌棒或小型調
理機協助。

豆腐白菜泥（一人份）

❋ 材料：小白菜葉 20 公克、傳統
　　　　豆腐 20 公克

❋ 做法：

❶ 將小白菜洗淨切小片與豆腐
　一起汆燙。

❷ 將做法 ❶ 放入搗缽中搗成
　泥狀，攪拌均勻即可。

小提示

小白菜也可更換為其他蔬
菜或紅蘿蔔等。其他食譜
請參照 P68～82 無葷食的
部分，或將葷食食材替換
成豆腐或菇類、蔬菜等。

第三階段
10～12個月奶蛋素寶寶飲食建議

10～12個月寶寶發展特色

- ♥ 頭能直立
- ♥ 在高腳椅上坐的很好
- ♥ 有咀嚼動作
- ♥ 對食物有興趣
- ♥ 能用上唇抿嘴而非僅僅吸食
- ♥ 可以將口腔內食物由前往後送
- ♥ 可以用舌頭攪拌食物，而

- 非將食物頂出
- ♥ 靈活的運用舌頭攪伴食物、咀嚼，能夠將東西一手交換至另一手
- ♥ 能夠拇指和食指夾取食物
- ♥ 什麼東西都往嘴巴裡放
- ♥ 吞嚥更容易
- ♥ 長更多的牙
- ♥ 想用湯匙自己吃

10～12個月奶蛋素寶寶飲食建議

　　如果情況許可下，請繼續給予寶寶母乳，這對寶寶是非常有益的。如果寶寶長得又快又健康，大部分醫生都會建議繼續母乳餵哺。

　　如果寶寶是進食配方奶的話，也請繼續。媽媽要留意，這時寶寶還未適合飲用鮮奶。現在寶寶一天大約飲用 600 至 800c.c. 奶量（大約 3 次份量），進食三餐的固體食物，父母亦可安排兩餐之間給予寶寶一些點心。

每日的飲食搭配，母奶或配方奶，再加上：

- 自製布丁或奶酪等自製奶類製品。
- 鐵質化穀類（例如，米粉、麥粉）。
- 豆類、扁豆。
- 蛋黃。
- 麵包、米飯。
- 軟質小塊水果，例如，切小塊的木瓜、香蕉。
- 軟質小塊蔬菜，例如，煮熟的小塊紅蘿蔔、花椰菜、青豆。

小提示　從副食品得到的熱量，6〜8個月大約為一天200大卡（一碗稠稀飯），9〜11個月大約為一天300大卡（一碗半稠稀飯），12個月大約為一天500大卡（兩碗軟飯），當然，攝取熱量需依照寶寶生長做調整，上述食物份量僅供參考，如添加其他食材，分量可略為增減。別期望寶寶一下子就能接受副食品，如果寶寶不願吃，過幾天再試！

「10〜12個月寶寶每日副食品建議量」

全穀根莖類3〜4份 ➕ 剁碎蔬菜2〜4湯匙 ➕ 軟的或剁碎的水果2〜4湯匙 ➕ 豆蛋類0.5〜1份

 註
- 1湯匙 =15公克 =3茶匙
- 全穀根莖類1份相當於稀飯或麵條1/2碗、吐司麵包1/2片、中型饅頭1/3個、飯1/4碗或米（麥）粉4湯匙。
- 豆蛋類1份相當於蛋黃泥2個（每日不建議吃超過1個蛋黃）、豆腐半盒、無糖豆漿240c.c.、蒸全蛋1個

一日飲食建議

早餐 ➡ 水果麥片粥
早點 ➡ 母乳或配方奶
午餐 ➡ 絲瓜麵線半碗＋西班牙式蛋餅
午點 ➡ 麻瓜ㄋㄟㄋㄟ
晚餐 ➡ 高麗菇菇飯半碗＋三色豆包
晚點 ➡ 母乳或配方奶

註　寶寶對於個別食材都適應良好之後，才可混合烹調。

Q 寶寶吃素是否會長不高、較瘦小？

　　只要有完整的素食計畫，素食寶寶與葷食寶寶的身高並沒有差異。但根據流行病學的的調查，素食兒童有較低的 BMI（BMI，身體質量指數，但還是在正常範圍內），和較少發生肥胖的機率。

　　針對書中提供的葷食食譜，媽媽可以做一些小變化，替換部分食材，就可以讓素食寶寶食用囉！例如：蔬菜豆簽湯（請參見 P94）只要將蝦仁改成豆腐或新鮮豆包；豬肝蔬菜濃湯（請參見 P100）則可以將豬肝替換為南瓜、馬鈴薯或山藥等，來增加食物的多樣化。

西班牙式蛋餅（一人份）

❋ 材料：蛋半顆、馬鈴薯 15 克、青椒 10 克、甜椒 10 克、油 3 克

❋ 做法：

❶ 將蛋打散，其餘材料洗淨切成末後與蛋液混合均勻。

❷ 起油鍋將做法 ❶ 之材料放入鍋中煎熟後再切成適合食用之大小即可。

🥄 花椰菜烏龍麵（一人份）

❋ 材料：烏龍麵 50 公克、花椰菜
前段小花 20 公克、玉米
粒 10 公克、蛋黃 1/ 顆、
地瓜粉 1/2 小匙、高湯適
量（做法請參見 P67）

❋ 做法：

❶ 將花椰菜洗淨切成小朵並汆
燙備用。

❷ 玉米粒切碎，烏龍麵切成方
便食用之大小。

❸ 取適量高湯將將做法 ❶ 與
❷ 一同放入煮熟

❹ 將地瓜粉調適量水再加入打
散之蛋黃，然後分量倒入鍋
中攪拌至蛋熟即可。

小提示

其他食譜可參閱 P88～
102 無葷食部分，或將葷
食食材替換成豆腐或菇
類、蔬菜等。

1～2歲的幼兒，由於母奶或配方奶已經不是主食，如果養到一個偏食寶寶或嚴格限制他的飲食，就容易造成營養或熱量的缺乏，所以這時應該提供營養強化的穀類和高營養價值的食物。有時需要補充額外的維生素。

奶蛋素幼兒一日飲食建議表

食物種類 / 年齡	1-3 歲	
	活動稍低 1150 大卡	活動適度 1350 大卡
乳品類（杯）	2	2
全穀根莖類（碗）	1.5	2
蔬菜類（碟）	2	2
水果類（份）	2	2
豆魚肉蛋類（份）	2	3
油脂與堅果種子類（份）	4	4

份量說明

- 水果 1 份（購買量）= 柳丁 170 公克 = 木瓜 190 公克 = 水蜜桃 150 公克 = 葡萄 130 公克 = 奇異果 125 公克 = 香蕉 95 公克
- 全穀根莖類 1 碗（一般家庭用碗）= 米飯 1 碗 = 麵條 2 碗 = 麥片 80 公克 = 小地瓜 2 個（220 公克）= 馬鈴薯 2 個（360 公克）= 全麥饅頭或土司 1 又 1/3 個（100 公克）
- 豆魚肉蛋類 1 份（可食生重）= 無糖豆漿 1 杯（260c.c.）= 傳統豆腐 80 公克 = 小方豆干 40 公克 = 魚 35 公克 = 蝦仁 30 公克 = 雞肉 30 公克 = 里肌肉 35 公克 = 蛋 1 顆
- 油脂與堅果種子類 1 份 = 各種烹調用油 1 茶匙（5 公克）= 芝麻 8 公克 = 腰果、花生 8 公克 = 杏仁果、核桃仁 7 公克

1～2 歲奶蛋素幼兒飲食建議

- 活動量稍低：生活中常做輕度活動，如坐著畫畫、聽故事、不太激烈的動態活動，如：玩蹺蹺板或走路。
- 活動量適度：生活中常做中度活動，如遊戲、帶動唱，一天約 1 小時較激烈的動態活動，如玩球、爬上爬下或跑來跑去的活動。
- 2 歲以下兒童不建議飲用低脂或脫脂乳品。

（資料來源：國民健康署幼兒營養 104.05）

小提示 由於幼兒的胃容量小，如果加上食用低熱量密度的食物，可能會造成熱量的攝取不足。為了達到熱量的需求，幼兒每日需要三份正餐和三份點心，盡量選用熱量和營養密度高的食物，如烹煮過的豆莢類、全穀類、堅果類、乾果、酪梨等。不管在哪個階段，食物的多樣化是不變的原則。

一日飲食建議

早餐 ➡	山藥三明治＋鮮奶或豆漿
早點 ➡	地瓜薏仁粥
午餐 ➡	鮮菇燉飯＋雙色起司球＋季節蔬菜
午點 ➡	密瓜優格沙拉
晚餐 ➡	醬拌貓耳朵＋蛋豆腐＋季節蔬菜
晚點 ➡	鮮奶或配方奶

小提示　植物性食物多半份量較大（例如：豆腐），但卻所含熱量卻較低，因此食量愈小的寶寶可能未有效攝取足夠營養時，便已覺得飽足，所以建議可以給予較少份量但卻熱量密度高的植物性食物，包括饅頭、穀類粥品、乾豆或堅果類等。

兒科醫師 Tips

Q 寶寶吃豆類或香菇食物是否可以？

飲食來源的多元化是嬰幼兒飲食不變的原則，除了養成寶寶不挑食的習慣外，也可以提供完整的營養。所以，豆類和香菇食物當然可以吃。除此之外，菇菌、海藻類也是良好的的 B_{12} 來源。

Q 寶寶一歲後可以食用蒟蒻米嗎？

蒟蒻米為熱量較低的食材，較不符合寶寶的熱量需求，且易產生飽足感，可能造成寶寶的熱量攝取不足（寶寶的熱量需求較大人高且胃容量較小），故不建議用來取代主食，但若寶寶的體重過重，在不影響正常食物攝取的原則下，少量食用當作配菜是可以的。

營養師 Tips

Q 寶寶是否可以吃素料？怎麼吃才安全？

寶寶的飲食儘量選擇營養完整的天然食物，少吃過度調味、添加防腐劑的加工食品。因此加工過之素料不建議一歲以前的寶寶食用。1歲之後的寶寶若是要食用，建議一週不超過三次，且若是油炸過製品（例如：麵筋等）最好汆燙過再烹調，但還是儘量不要供應最好。另外為了補足動物性來源較豐富的維生素 D，素食寶寶可以適時曬太陽，建議一天 20～30 分鐘，就不必擔心維生素 D 缺乏。

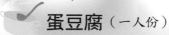

🥄 蛋豆腐（一人份）

❋ 材料：傳統豆腐20克、蛋1/2個、
　　　　紅蘿蔔5克、芹菜5克、
　　　　醬油少許、油1/2匙

❋ 做法：

❶ 豆腐用湯匙壓成泥狀，再加
　入打散的蛋液混合攪拌備
　用。

❷ 紅蘿蔔與芹菜汆燙後切成小
　丁。

❸ 將做法 ❶ 及 ❷ 混合後加入
　少許醬油。

❹ 起油鍋加入做法 ❸ 煎熟後
　放涼，再切成易拿握之大小
　即可。

小提示

製作較大量的泥狀食物時
還可放入搗缽中搗成泥
狀，或以攪拌棒或小型調
理機協助。

可練習
咀嚼
的固體食物

酪乳水果麵包（一人份）

✳ 材料：草莓 10 克、香蕉 10 克、
奇異果 10 公克、原味優
酪乳 20c.c.、法國麵包
30 公克

✳ 做法：

❶ 將所有水果洗淨、切小丁
後，拌入優酪乳。

❷ 法國麵包切片，略烤後，放
上做法 ❶ 的材料即可。

小提示

若買不到草莓可用其他水
果替代，例如鳳梨、西瓜、
蘋果等。

183

蕃茄菇菇燉飯（一人份）

材料：蕃茄 50 克、鴻喜菇 10
公克、四季豆 15 公克、
豆干 20 公克、高湯約半
杯（做法請參見 P67）、
油 1/2 小匙、米 30 公克

做法：

❶ 於蕃茄底部切十字型，放入
鍋中氽燙後去皮。

❷ 將其餘食材洗淨切碎至寶寶
可以吞嚥的大小。

❸ 平底鍋加油將做法❷放入拌
炒至軟後，放入燉鍋中加入
高湯稍微攪拌勻。

❹ 放入做法❶的蕃茄。放進
電子鍋內按下煮飯功能，煮
好後再燜約 10 分鐘，最後
將蕃茄和食材攪拌均勻讓飯
粒吸附蕃茄的汁液即可。

小提示

其他食譜可參閱 P106 ～
117 無葷食部分，或將葷
食食材替換成豆腐或菇
類、蔬菜等。

營養師&小兒科醫師的副食品配方 增訂

作　　者／湯國廷、廖嘉音
選　　書／陳雯琪
主　　編／陳雯琪
特約編輯／蘇逸

行銷企畫／洪沛澤
行銷經理／王維君
業務經理／羅越華
總 編 輯／林小鈴
發 行 人／何飛鵬
出　　版／新手父母出版
　　　　　城邦文化事業股份有限公司
　　　　　台北市中山區民生東路二段 141 號 8 樓
　　　　　電話：(02) 2500-7008　傳真：(02) 2502-7676
　　　　　E-mail：bwp.service@cite.com.tw
發　　行／英屬蓋曼群島商家庭傳媒股份有限公司城邦分公司
　　　　　台北市中山區民生東路二段 141 號 11 樓
　　　　　讀者服務專線：02-2500-7718；02-2500-7719
　　　　　24 小時傳真服務：02-2500-1900；02-2500-1991
　　　　　讀者服務信箱 E-mail：service@readingclub.com.tw
　　　　　劃撥帳號：19863813
　　　　　戶名：書虫股份有限公司

香港發行所／城邦（香港）出版集團有限公司
　　　　　香港灣仔駱克道 193 號東超商業中心 1F
　　　　　電話：(852) 2508-6231　傳真：(852) 2578-9337
　　　　　E-mail：hkcite@biznetvigator.com
馬新發行所／城邦（馬新）出版集團 Cite(M) Sdn. Bhd. (458372 U)
　　　　　11, Jalan 30D/146, Desa Tasik,
　　　　　Sungai Besi, 57000 Kuala Lumpur, Malaysia.
　　　　　電話：(603) 90563833　傳真：(603) 90562833

封面、版面設計／徐思文
內頁排版／徐思文
食譜製作&攝影／潘嘉慧&阿春
製版印刷／卡樂彩色製版印刷有限公司
2017 年 11 月 23 日 增訂 1 刷　　　Printed in Taiwan
2024 年 03 月 17 日 初版 2.8 刷
定價 380 元
EAN471-770-290-160-8

國家圖書館出版品預行編目 (CIP) 資料

營養師 & 小兒科醫師的副食品配方 / 湯國廷，廖嘉
音著 . -- 初版 . -- 臺北市：新手父母，城邦文化出版
：家庭傳媒城邦分公司發行，2014.10
面；　公分 . -- (育兒通系列；SR0072)
ISBN 978-986-5752-15-6(平裝)

1. 育兒 2. 小兒營養 3. 食譜

428.3　　　103018896